ドイツ式
ハーブ農家の料理と手仕事

育てる、味わう、丸ごと生かす

奥薗和子

山と溪谷社

はじめに

ドイツの暮らしの中には、いつもハーブがありました。マルシェやスーパーマーケットはもちろん、薬局、レストラン、ガーデン、クラインガルテン（市民農園）にも。多くの店先には、数多くの摘みたてのフレッシュハーブやドライハーブ、ハーブの鉢植え、ハーブを使った加工品などが並び、ハーブはとても身近な存在です。

親しいドイツ人の会話を聞いていると、「こんにちは、調子はどう？」「ちょっと頭や喉が痛いかも……」「あら大丈夫？ それならハーブティーを飲んで、ラベンダーのアロマを焚いて休むといいわよ」なんて会話がよく聞かれます。使うハーブは、ラベンダーだったり、ペパーミントだったり、それぞれの家庭で違ったりするのも興味深いところです。

私はフローリストとして花屋で働いていました。花屋の店内は、花を長持ちさせるために室温を低く設定し、水を扱うため、冷えて体調を崩しやすい環境です。職場の給湯室にはハーブやはちみつが常備してあり、クリスマスなどの繁忙期には体調管理のために、ジンジャーミントティーなどを飲んでいた思い出があります。日本で風邪のひき始めに、ショウガ入りの葛湯を飲んだりする感覚と同じです。

当時通っていたフローリストマイスター学校で、忘れられない授業があります。学校の周辺の空き地や森に自生しているハーブや草花を摘んできて、花市場で仕入れた素材と組み合わせて作る、花束やアレンジの実習です。自生しているハーブなどを取り入れることで、自然で曲線的な、まるで風の流れを感じるようなナチュラルな作品ができることを学びました。その後に働いた花屋でも、ハーブを花束やアレンジに素敵に取り入れていて、それぞれ個性的で魅力的なのです。そうした経験から、いつかハーブや草花を自ら育て、それらを使って、花束やアレンジを作りたいと思うように。それが、私が農家になる始まりです。

今、ハーブ農家として種や苗から無農薬・無化学肥料でハーブをたいせつに育てています。自然と向き合いながら、種まきから収穫するまでの過程を知ったことで、これまで以上に、植物に対して敬意をもつようになり、最後まで大事に手をかけて扱いたいと思っています。ハーブティーにしたり、ハーブソルトにしたり、ドライフラワーにしたり。捨てるところはひとつもないくらいです。

ハーブを育てると、ふとしたことで喜びや嬉しさをもたらしてくれます。さらに身体に優しい効果や効能もあり、魅力は尽きません。この本を通じて、ハーブを育て、味わいながら、ハーブの愉しみ方を実感してもらえたら幸いです。

Inhalt

- Contents -

本書について

- ハーブは薬効成分があるため、妊娠中や、体調が優れないとき、何らかの症状があるときは利用を控えた方がよい場合があります。万が一、体調に異変が生じたときは、必ず医師や薬剤師にご相談ください。
- ハーブは栽培する環境によって生育状況が異なります。本書の栽培は関東以南を目安としています。
- 料理ページの大さじ1は15㎖、小さじ1は5㎖、1カップは200㎖です。
- 電子レンジやオーブンは、機種により性能に差があります。記載した加熱時間を目安に、様子を見ながら調整してください。
- レシピで使用している塩は精製していない自然塩を、砂糖はきび砂糖を、オリーブ油はエクストラバージンオリーブ油を使用しています。

【 6 】

ハーブは四季を通して美しい

ドイツの冬の訪れは日本より早く、冷え込みは厳しく、日照時間も短い。春の到来とともに、冬の間眠っていたハーブが目を覚まして動き始めると、虫たちも動き始め、鳥のさえずりも聞こえ出します。長くて暗い冬が明け、春の香りや色、音が現れると、どんよりとしていた気持ちや身体が一気に解放されたような感覚になります。それが、ドイツに暮らす人々が感じる春

です。そして、夏になれば、太陽を浴びてハーブはぐんぐん成長し、花を咲かせます。まぶしい陽光と伸びやかなハーブに心沸き立ち、人々も季節を謳歌します。けれど、秋の訪れは早く、あっという間に冬が忍び寄ってきます。

だからこそ、沢山収穫したハーブを冬に備えてドライにしたり、仕込んだりして冬の楽しみにします。長く閉じ込められる室内に、ハーブを飾れば、漂う香りに癒され、新しい季節を待ちわびる期待感につながります。若々しい新緑の春から初夏、今が盛りと勢いのある夏の情景もたくましくて美しいけれど、秋の紅葉や花が実になる様子も情緒があります。さらに、冷たい冬に耐える冬枯れの情景には、凛とした美しさがあり、心惹かれます。四季折々の自然の営みと人間の営み。そのときどきの変化をハーブが楽しませてくれます。

種をまいて芽が出たとき、葉が少しずつ増えて初めて収穫するときの喜び、虫に食べられたときの悲しみ、つぼみがつき、開花したときの美しさ、触れると素晴らしい香りがし、親しい人におすそ分けして喜んでもらえたときの嬉しさなど、ひとつのハーブを育てることで、さまざまな感情が生まれます。

数えきれないほどの
愉しみや喜びをもたらす

ハーブを育てると、ハーブの一生すべてを楽しむことができます。種や苗から育てた株は、成長して茎葉を伸ばし、やがて花が咲き、実がなります。さらに一年草でなければ冬を越えて春に芽吹き、また新しい一年を迎えます。ハーブによっては、お店で買うことのできない花や種子、根っこまで活用することもできます。

最盛期に使い切れないほどのハーブを収穫したら、ドライにしたり、保存用に仕込んだり、部屋に飾ったり。摘みたてのハーブは、どこで買うよりも新鮮なのでフレッシュな香りもぜひ楽しんでもらいたいです。

季節を通してハーブに接するということは、心身のリフレッシュやストレス解消、健康にもよい影響を与えてくれます。まずは好きなハーブや身近なハーブを、庭先やプランターなどの小さな家庭菜園から始めてみませんか。収穫したハーブを自分なりにブレンドしたり、育てるハーブの組み合わせを試してみたり、ハーブと一緒に食べたい野菜を隣に植えたりすると、自分で育てたハーブや野菜を調理し味わうことの楽しさや喜びを全身で感じ、この幸せをきっと誰かに伝えたくなるでしょう。

ハーブの育て方と ドイツ流の味わい方・愉しみ方

ドイツ人にとってハーブは暮らしの中に取り入れて、心身ともに豊かな日々を送れる大切なもの。庭がなくても、Kleingärten（市民農園）の区画を借りたり、Balkon（バルコニー）にプランターを設置したり、Fensterbank（窓辺の台）を利用したり。どこかで自分用のハーブを育てています。

人気があるのが、ローズマリーやオレガノ、セージ、タイム、ミント、チャイブなど定番のハーブに、イチゴやミニトマト、レタスなど、野菜も組み合わせたもの。おいしい料理やサラダができそうです。そんなハーブの横には椅子やテーブルを置き、テーブルの上には蚊取り用のキャンドルを置いて、朝食をとったり、読書をしたりします。ハーブのある憩いのスペースで過ごすことを、ドイツ人は大事にしています。

身近な場所で育てているから、必要なときに必要な分だけ摘んで、料理に加えたり、ハーブティーにしたり、家庭薬として利用したり。ドイツ人のハーブの使い方はとても気軽です。本書では、ドイツ人が植えたい人気のハーブであり、日本でもなじみ深いもの20種を厳選して紹介します。

ハーブを育てる

原産地に近い環境を整える

本書で紹介するハーブの原産地は、地中海性気候などが多く、日本の高温多湿を嫌います。一方、熱帯気候のハーブにとって日本の冬は寒く、耐寒性がないなど、日本と環境が違うため、うまく育たないことも。ドイツでも日本でも考え方の基本は同じで、原産地に近い環境を整えることが大事です。日本列島は細長く、同じ時期でも地域によって気候（気温や湿度）が異なり、土壌の違い、斜面や平地などさまざまな環境があります。そのため、ハーブを育てる場所がどんなところなのか、まずはしっかり観察しましょう。育てる地域の気候、土壌について、太陽の1日の動き（西日の当たり方など）、風や雨水がどう流れるのか、そこに生息する動植物はどうかなどを観察し、環境を知ることがたいせつです。

本書で紹介する栽培方法を参考にしながら、日々の観察で知り得たその場所に合った育て方を実践し、ハーブのある暮らしを楽しんでいきましょう。

ハーブを味わう

ドイツの伝統や流行の料理からおいしいものを厳選

本書で紹介する料理は、伝統的なドイツ料理だけではありません。私が12年間過ごしたドイツ生活の中で出会った花屋さんのオーナーや同僚とその家族との関わり、ドイツに住む国籍の違う友人から教わった料理、多国籍レストランなどで出合った料理をはじめ、休暇や週末にドイツ国内やフランス、イタリア、ポーランド、モロッコなど近隣の国を旅して出合った食文化などの影響も受けています。
陸続きであるドイツの人は、古くから旅することが好きで、長い歴史を紐解くと近隣国やアラブ諸国のハーブ文化や知識などが伝わり、伝承されているものも多く見受けられます。今でもウアラウブ（休暇旅行）で旅して食した外国の料理やハーブ使いを食卓に取り入れています。また、昨今のヘルシーブームが影響して、より多くのハーブをレシピに使うことも増えています。私自身がそんな伝統や流行があってもなおドイツ人に人気だったり、おいしいと感じたりしたレシピを選んで紹介しています。

そのほかの手仕事

ドイツ人に伝わる、暮らしの知恵

寒くて長くて暗いドイツの冬に備えて、昔からドイツ人は春から秋の間、ハーブを沢山収穫したら、保存食を作り、リースなどにして室内に飾っていました。それは、室内に閉じ込められて鬱々とした冬の暮らしに彩りと癒やしを与えてくれる存在です。夏の盛りに、フレッシュハーブを飾ったりするのは、その反動で今を思い切り楽しみ、心身を開放するためです。剪定したハーブの枝でさえリースを作ったり、お風呂に入れたりするため、捨てるところは何もありません。

収穫できたハーブを乾燥させたり、オイルや塩に漬けたりする仕込み作業は、すべてを無駄にしないで使い切り、一年を通して健康に過ごす知恵でもあります。人々は仕込むとき、暮らしに豊かな恵みをもたらすハーブに感謝して手を動かしています。そんなドイツ人の知恵を紹介しています。

イタリアンパセリ

Italienische Petersilie [Italian Parsley]

清涼感のある香りで、どんな食材とも合う万能ハーブ

ドイツでは、キッチンで使われる最も有名なハーブのひとつ。伝統的な肉料理やジャガイモ料理には、刻んだイタリアンパセリが仕上げにかかっていることが多くあります。縮れ葉のパセリに比べて、香りは穏やかで清涼感があり、クセがありません。ビタミンC、βカロテン、カリウムなどが豊富で、栄養価も高いです。

育てやすく、春と秋に種をまくと、一年中収穫できるのでとても便利。花をつけると株が弱るため、長く収穫したいときは、花芽を早めに摘み取りましょう。

学名：*Petroselinum crispum* var.*neapolitanum*

科名：セリ科

原産地：ヨーロッパ（地中海沿岸）

別名：フラットリーフパセリ、プレーンリーブドパセリ

性質：半耐寒性一～二年草

草丈：15～100cm

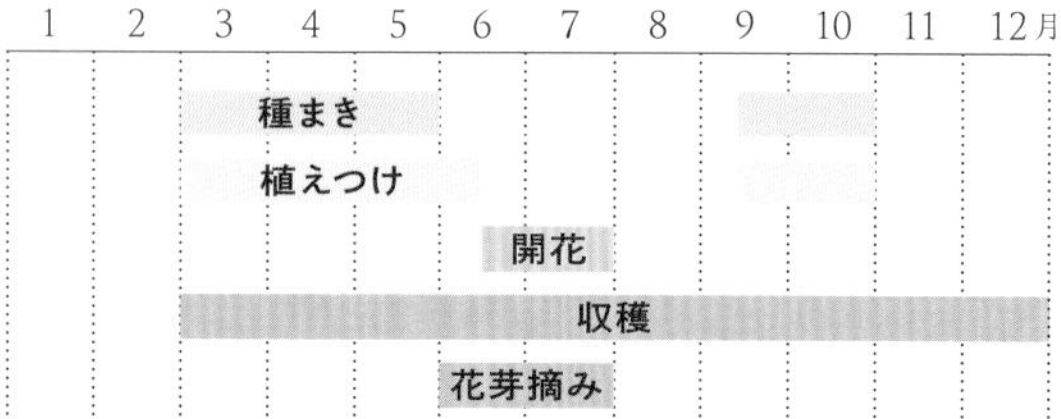

【育て方のポイント】

◎種まきと植えつけ

イタリアンパセリは、直まき、育苗、市販苗から始められます。種まきは春と秋。発芽に光を必要とする好光性種子のため、薄く土をかけます。発芽適温は15～20℃で、1～2週間で発芽します。春まきは、初夏から冬まで長く収穫できます。

市販の苗は、中心から勢いよく葉が出ているものがおすすめ。太い根が真っすぐ伸びるため、根が傷むと生育が悪くなるので注意します。

市販の苗。根が傷むと生育が悪くなるので、根鉢は崩さずに植えるとよい。

◎育てやすい環境

日当たりと風通しのよい場所で、肥沃な土壌を好みます。乾燥に弱いので、敷きわらなどでマルチングをすると効果的です。強い日差しや高温が苦手なので、鉢植えで育てる場合は、真夏は半日陰の涼しい場所へ。水のやりすぎは根腐れの原因になりますが、水切れすると葉がかたくなります。春から秋は、土の表面が乾いたらたっぷりと水やりし、冬は控えめを心がけるといいでしょう。

トマトと混植すると、トマトの風味がよくなり、夏場は半日陰にもなるのでおすすめ。

◎収穫

葉が10枚以上育ってから収穫します。外側の葉の、葉柄の根元の少し上をハサミで切り取ります。放置しておくと葉がかたくなるのでやわらかいうちに摘むとよいでしょう。

常に10枚くらい残すようにして収穫すると長く収穫できる。

◎その他の管理

秋に植えつけて冬越ししたものは、気温の上昇に伴って花芽がつきます。花が咲くと株が弱るので、花芽を見つけたら茎ごと切り取りましょう。

イタリアンパセリは、アブラムシやキアゲハの幼虫が好みます。アブラムシは、手ややわらかい筆などで軽くしごけば取り除けます。

【収穫後の愉しみ方】

生でサラダに、下味として活躍する香味野菜に、刻んでオイル漬けやバターに混ぜて、スープの香りづけに…など幅広く使えます。魚にも肉料理にも合い、パセリライスも絶品。パスタとも相性抜群です。葉を取った後に残る葉柄は、ブーケガルニに使うと無駄がありません。

また、ドイツでは〝ビタミンCの爆弾〟とも言われ、フルーツや野菜とアレンジしたグリーンスムージーに使われることもあります。

・KOLUMNE・

ドイツのスーパーマーケット事情

ドイツの野菜コーナーの一画には、イタリアンパセリやバジルなど、フレッシュハーブの束やローズマリーなどの鉢植えハーブ、ハーブシードやドライハーブ、ドライハーブミックスなどが充実しています。一部の店舗では、LEDライトを使ってハーブを栽培する植物工場を店内に併設してるところもあります。

イタリアンパセリとニンニクの風味が食欲をそそる一品。ドイツでは、夏から秋に出回る、黄色く風味の良いアンズダケ（Pfifferlinge/ フィファリンゲ）や香りやうまみの強い生のポルチーニ茸（Steinpilz/シュタインピルツ）などを使用。

01

きのこのグリル イタリアンパセリ ニンニクオイルがけ

Gebratene
Pilze mit Petersilie-Knoblauchöl

イタリアンパセリのニンニクオイル。作っておくと、さまざまな料理に使えるので便利。

作り方

1 ニンニクはみじん切り、イタリアンパセリは瓶に詰め、塩、胡椒で味付けし、オリーブ油を注ぐ。30分～1時間で完成。冷蔵で2～3日保存可。

2 きのこは大きめに切り、薄くオリーブ油（分量外）を塗って軽く塩を振り、グリルなどで焼く。焼き目がついたら、裏返して同様に焼く。

3 **2**を皿に盛り、上から**1**をかける。

材料（2～3人分）

・イタリアンパセリの茎葉（粗みじん切り）…大さじ2
・ニンニク…1/2片
・オリーブ油…大さじ2～3
・塩、胡椒…各少々
・マイタケ*…1パック
・シメジ*…1パック
＊きのこはお好みの種類でOK

たっぷりのジャガイモとハーブをじっくり煮込んだスープ。平日の夕飯は火を使わない冷たい料理が多く、温かいスープは土曜の夜に食べることが多い。

02

ハーブとジャガイモのスープ

Kartoffelsuppe mit Kräutern

材料（2〜3人分）

香味野菜
- ・イタリアンパセリの茎葉（粗みじん切り）…10g
- ・フェンネルの鱗茎（粗みじん切り）…10g
- ・タマネギ（粗みじん切り）…60g
- ・ニンジン（粗みじん切り）…20g

・バター…大さじ1
・ジャガイモ（角切り）…500g
・ベーコン…50g
・ローリエ…1枚
・塩、胡椒…各少々
・ナツメグ…少々
・イタリアンパセリ（仕上げ用）…適量
・茹で汁*…1ℓ
＊水を加えてもOK

作り方

1 ジャガイモをたっぷりの水で下茹でし、ザルにあげる。茹で汁は取っておく。
2 ベーコンは1㎝幅に切り、カリカリになるまで炒める。
3 香味野菜をバターでしんなりするまで炒める。
4 **1**と**2**、**3**を鍋に入れ、残しておいたジャガイモの茹で汁、ローリエを入れて20分ほど煮込む。仕上げに塩、胡椒、ナツメグで味を調える。
5 器に盛り付けて、イタリアンパセリを散らして完成。

※2日目以降のほうが、味が染みておいしくなります。さらに輪切りのソーセージを入れても

03

ハーブのサラダ

Kräutersalat

材料（2〜3人分）

・お好みのハーブ（イタリアンパセリ、フェンネル、ディル、チャービル、レモンバーム、エディブルフラワーなど）…80g
・オリーブ油…大さじ1〜2
・レモン果汁*…大さじ1
・塩、胡椒…各少々
・チーズ…少々
＊ワインビネガーでもよい

作り方

1 ハーブを水洗いし、キッチンペーパーなどで水気を拭く。
2 ハーブの葉を茎から外し、食べやすい大きさにちぎる。
3 オリーブ油、レモン果汁、塩、胡椒を混ぜてドレッシングを作る。
4 **3**を入れたボウルに**2**を入れて、空気を含むようにふんわりと混ぜる。最後にチーズを振る。

・MEMO・

クセのあるハーブは、やわらかい葉の部分を小さめにちぎり、数種類のハーブと混ぜると、風味が増しておいしさが引き立つ。

森や畑にやわらかいハーブがわさわさと茂る初夏に食べるサラダ。グリルした山羊のチーズとはちみつを合わせても。

コリアンダー

Koriander [Coriander]

独特の香りの葉だけでなく
根も実もすべてを生かし切る

学名：*Coriandrum sativum*

科名：セリ科

原産地：ヨーロッパ（地中海沿岸）、西アジア

別名：パクチー、香菜（シャンツァイ）

性質：半耐寒性一年草

草丈：15〜60cm

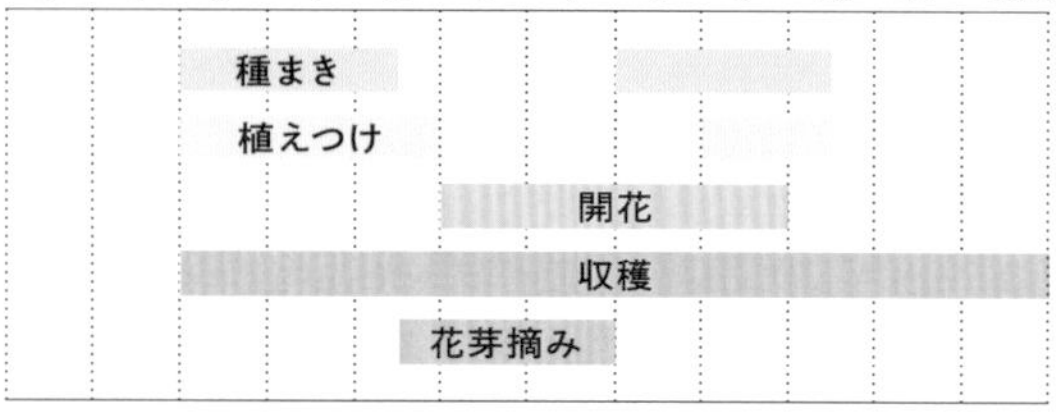

タイやベトナム料理でおなじみのパクチーのこと。中国料理では、香菜と呼ばれます。ドイツでは冬の保存食用に、コリアンダーシードをスパイスとしてニンジンやビーツをピクルス漬けにしたり、ミルで挽いた粉末をクリスマスのクッキーなどに利用したりします。クセになる独特の香りは、根がいちばん強く香ります。

種まきは春と秋の2回。春まきの葉はやわらかいものの、暑さに弱く収穫期が短め。秋にまいて防寒をして冬を越すと、翌春から収穫できて長く楽しめます。

【育て方のポイント】

◎ 種まきと植えつけ

真っすぐ深く伸びる根なので、移植を嫌います。直まきして間引きながら育てるとよいでしょう。発芽率が低めなので、ひと晩水に浸しておくと発芽しやすくなります。発芽適温は17〜20℃。好光性種子のため、覆う土は薄く5㎜程度にします。1〜2㎝間隔にまき、葉が混み合ってきたら勢いのあるものを残して3回ほど間引き、本葉7〜8枚の頃に20㎝間隔にします。

育苗する場合は、セルトレイで育てます（p.89参照）。市販のポット苗を定植する場合は、根鉢を崩さないように気をつけて植えつけます。

◎ 育てやすい環境

日当たりや風通しのよい場所を選び、水はけのよい土壌で育てます。乾燥に弱いため、表土が乾いたらたっぷり水やりし、水切れに注意します。蒸し暑さに弱いため、夏は苦手。梅雨の時期は、雨による泥はね防止に敷きわらなどで株元をマルチングします。レタスやケールの近くに混植すると、独特の香りでモンシロチョウやコナガなどを追い払います。

白やピンクの華奢な花を咲かせる。花びらが散った後の緑色の果実も美しい。

◎ 収穫

草丈約20㎝が収穫の目安。外側の葉を株元から切って収穫し、中側の葉を7〜8枚残すと、次々収穫できます。コリアンダーシードは開花後、8月〜9月にかけてゆっくりと熟します。完熟した果実はすぐに落ちるので、完熟前に枝ごと収穫し、新聞紙の上などに広げて乾燥させるとよいでしょう。

株ごと使う場合は、根元をつかんで抜き取る。

◎ その他の管理

初夏、花芽がつくと葉がかたくなるため、葉を楽しむなら花芽は早めに摘みます。花芽の生育が盛んになったら、開花させて種を収穫することに目的を切り替えても。

【収穫後の愉しみ方】

ショウガやニンニク、レモン、トウガラシと相性がよく、生はサラダやマリネなどに、香りの強い根は料理の風味づけになり、刻んでカレーなどに加えてもおいしい。魚介の風味を引き立てるため、魚料理にも多く使われます。

初夏から咲き始める白く小さな花は愛らしく食用にも。その後に実る果実は、スパイスとして利用できます。

・KOLUMNE・

スパイスを買うならマルシェで

各国から人々が集まるベルリンは、トルコ系の人々も多く、トルコ人のマルシェやマーケットがあります。中東料理やお茶用の数えきれないほどのドライハーブやスパイスが、大袋のまま安価で売られています。マーケットはエキゾチックな香りが漂い、異国の文化を感じることができる、魅力的な空間です。

01

コリアンダーと魚介のセビーチェ

Ceviche Meeresfrüchte mit Koriander

セビーチェとは、南米ペルーで生まれた魚介のマリネのこと。ドイツでは南米料理も人気。ハーブを組み合わせてよく作られる。

作り方

1 コリアンダーを水洗いし、水けを切り、ざく切りにする。

2 ピーマン、赤タマネギは薄くスライスし、トウガラシも刻む。タコとイカは食べやすい大きさに切る。

3 すべての材料を混ぜ合わせて、冷蔵庫に入れて1時間ほどなじませる。

4 器に盛り付けて、仕上げ用のコリアンダーをのせる。

材料（2〜3人分）

・コリアンダーの茎葉…1〜2本
・茹でダコ…80g
・茹でイカ…80g
・ピーマン…1/2個
・赤タマネギ…1/4個
・青トウガラシ…1/2個
・レモン汁、ライム汁*…各大さじ2
・塩、胡椒…各少々
・ニンニク（すりおろし）…1片
・コリアンダー（仕上げ用）…1〜2本

*なければレモン汁を多めに

北海やバルト海に面している北ドイツ（ハンブルクなど）で食べられる古典的な料理。淡泊な味のSchellfisch（タラの種類）とジャガイモは相性がよく、付け合わせの定番。魚介の少ないドイツで北ドイツを訪れたら必ず食べてしまう料理でもある。

02

白身魚のコリアンダー蒸し

Gedünsteter Schellfisch mit Koriander und Zitronen

a

作り方

1 白身魚の両面に薄く塩をふり、10分ほど冷蔵庫に置き、水けを拭く。

2 フライパンに薄切りにしたタマネギ、7㎜厚さで輪切りにしたジャガイモ、白身魚、コリアンダーを重ねて、塩と胡椒を振り、レモンとバターをのせる（写真**a**）。白ワインと水を回し入れ、ふたをして中火にかけ、煮立ったら弱めの中火で6～7分蒸し焼きにする。

3 器に盛り付けて、あればちぎったコリアンダーの花や葉を散らす。

材料（2人分）

・根付きコリアンダー*…1～2株
・白身魚の切り身…2切れ
・タマネギ…1/2個
・ジャガイモ…1～2個
・レモン（スライス）…2枚
・バター…20g
・白ワイン…大さじ2
・水…大さじ2
・塩、胡椒…各少々

*なければ葉だけ。花もあれば

チャービル

Kerbel [Chervil]

ふわりと広がる若葉色の
レース状の葉と香りが上品

学名：*Anthriscus cerefolium*

科名：セリ科

原産地：ヨーロッパ東部〜アジア西部

別名：セルフィーユ、ウイキョウゼリ

性質：半耐寒性一年草

草丈：20〜60cm

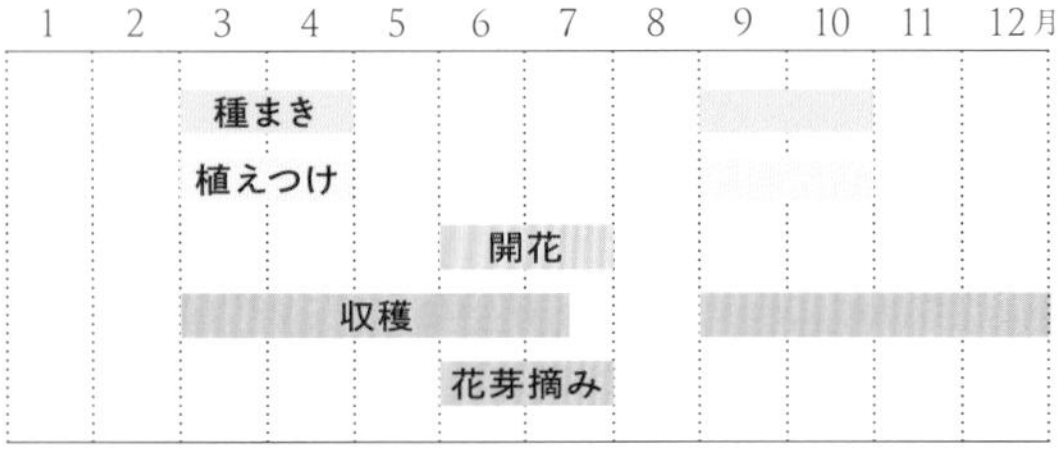

繊細な葉からは、甘く上品なアニスのような香りが漂い、葉の色や形の美しさを生かし、スイーツや料理の飾りつけによく使われます。ドイツではミックスハーブを細かく刻んで料理に使うフィーヌゼルブ〝fines herbes〟やエルブドプロヴァンス〝Kräuter der Provence〟の調合のひとつとしても欠かせないハーブ。ワイン畑の丘の小径にチャービルなどの野生のハーブが育ち、花や種子に昆虫が集まる風景がよく見られます。また、春に最初に収穫できるハーブなので、四旬節や復活祭の料理にも使われます。

【育て方のポイント】

◎種まきと植えつけ

種まきは、春と秋の2回。発芽率がよくないので多めにまきましょう。また、移植を嫌うため直まきします。発芽に光を必要とする好光性種子なので、種まき後は薄く土をかける程度でOK。水を好むので、乾燥しないように注意しましょう。

葉がぶつかるようになったら、間引いて、最終的には15～20㎝の株間で育てます。間引き菜もサラダなどでいただけます。

苗からも育てられます。苗を植えつけるときは、根鉢を崩さないように気をつけてやさしく植えましょう。

開花期は6～7月ごろ。傘状に広がる花茎の先に5弁の白い小花が咲き、可憐。

◎育てやすい環境

半日陰で育てると、やわらかくて香りのよい葉が収穫できます。夏の強い日差しは避けましょう。

高温多湿でカビが原因となるべと病や立ち枯れ病になることがあるので注意しましょう。

◎収穫

外側の葉から順次摘み取りを。株元を持ち、下側に引きながら根元から外すか、ハサミで切ります。少なくとも5枚以上は残すと、長期間収穫できてよいでしょう。種まきの45～60日後から開花直前まで収穫できます。

ふんわりと茂ったチャービル。繊細な葉がやわらかいうちに摘み取って利用する。

◎その他の管理

初夏、花が咲いて種がつくと株は枯れてしまうため、葉の収穫を長く楽しみたいなら、花芽を摘み取るとよいでしょう。最後は、花を咲かせて、エディブルフラワーにしたり、種を採ったりしても。チャービルはこぼれ種からも育ちやすいです。

【収穫後の愉しみ方】

フレッシュで使う場合は、甘みのある香りを生かして、サラダにしたり、刻んでバターやクリームチーズ、マヨネーズなどに混ぜるのがおすすめ。魚、鶏肉、ジャガイモ、豆など、どんな料理にも合い、とくに卵料理との相性は抜群です。

風味が落ちやすいため、できるだけ料理の最後に加えるとよいでしょう。すぐに使わない場合は、冷凍して保存することも可能です。

• KOLUMNE •

ドイツ人はピクニック好き

ドイツの夏は夜9時頃まで明るいので、家族や友人、恋人と森や公園に出かけてピクニックやBBQを楽しみながら、日光浴をしたり、読書をしたり、おしゃべりするのがドイツ人の週末の過ごし方です。料理は持ち寄り。タッパーにサラダやサンドイッチを詰めて、ワインのボトルやビールを片手に、各々の時間に集まります。

土日の朝食やブランチの定番メニュー。コクのあるベルクチーズやグリュイエールを合わせることが多い。イタリアンパセリやチャイブをミックスしても。サラダを添えても。

01

チャービルのオムレツ

Kerbel-Käse-Omelett

材料（2人分）

- チャービル（粗みじん切り）…大さじ2
- 卵…3個
- パルメザンチーズ（削る）…30g
- 牛乳…大さじ2
- 塩、胡椒…各少々
- バター…10g
- チャービル（仕上げ用）…1〜2本

作り方

1 ボウルに卵を割り入れ、しっかり溶きほぐす。

2 バター以外の材料を**1**のボウルに入れて、卵液をつくる。

3 熱したフライパンにバターを溶かして、**2**を一気に流し入れる。ヘラで混ぜながら火を通し、手前から半分ほどに折りたたみ、皿に盛り付ける。

4 仕上げ用のチャービルをのせる。

作り方

1 豚かたまり肉に粗塩をすりこみ、冷蔵庫でひと晩寝かし、1.5cmほどに切る。

2 リンゴは皮と芯を取り、くし形にカットする。サツマイモは5mmほどの輪切りにする。

3 フライパンにオリーブ油をひき、強めの中火で豚肉の両面に焼き目をつけ、取り出す。同じフライパンにサツマイモ、リンゴ、豚肉、ローズマリーをのせ、白ワインを入れる（写真**a**）。ふたをして中火で10分ほどじっくり蒸し煮にする。

4 ビネグレットソースを作る。ボウルに**A**を入れてよく混ぜ合わせながら、オリーブ油を糸状に垂らして、乳化させる。

5 **3**を器に盛り付けて**4**のソースをかけ、チャービルを散らす。お好みでサワークリームをのせる。

材料（2〜3人分）

・豚かたまり肉（豚バラ、肩ロースなど）…400g＋粗塩10g
・リンゴ…1個
・サツマイモ…1/2〜1本
・オリーブ油…大さじ1
・ローズマリー…1枝
・白ワイン…大さじ2
A
・白ワインビネガー…大さじ1
・塩、胡椒…各少々
・粒マスタード…小さじ1
・レモン汁、はちみつ…各少々
・オリーブ油…大さじ2
・チャービル…1〜2本

a

02

豚肉とリンゴとサツマイモの蒸し煮

Gedünsteter Schweinebauch mit Apfel und süßkartoffeln und kerbel-senfsauce

ドイツの家庭料理「シュラハトプラット（塩漬け豚と塩漬けキャベツの煮込み）」風に。ザワークラウトの代わりにリンゴで酸味をつけて。粒マスタードを入れるのがポイント。

ディル

Dill [Dill]

爽やかな香りの葉も花も
魚介との相性はイチオシ！

学名：*Anethum graveolens*

科名：セリ科

原産地：ヨーロッパ南部～アジア西部

別名：イノンド

性質：半耐寒性一年草

草丈：40～100cm

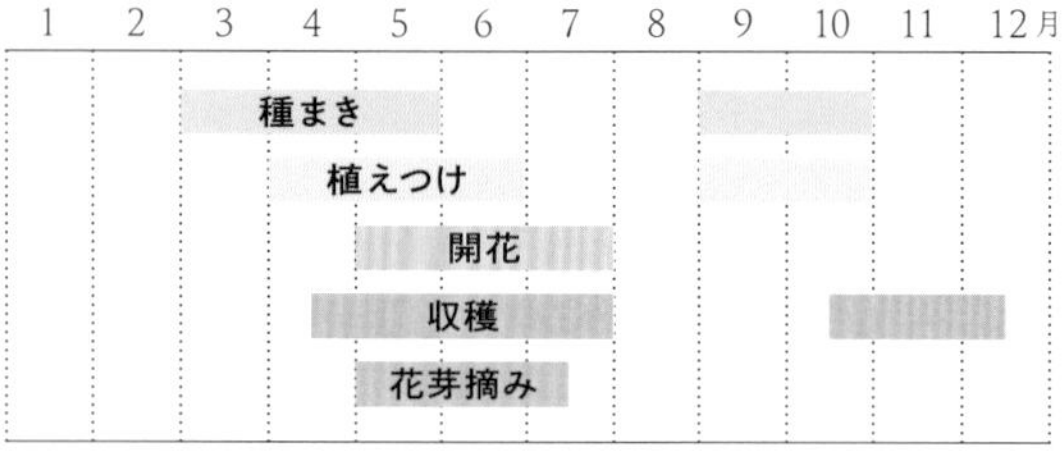

線が細くやわらかい葉がフェンネルにそっくり。スパイシーな香りと、アニスやキャラウエイを感じるほんのりとした甘味が特徴です。初夏の黄色い小花もフェンネルに似ています。乾燥させた種は、ディルシードと呼ばれ、葉や茎より香りは強いです。

　ドイツの食卓に欠かせないキュウリの塩漬けピクルス"Salz-Dill-Gurken"はディルが重要なスパイス。ピクルス用のキュウリ「ガーキン」とディルを栽培して、ドイツ風のピクルスを作るのもおすすめです。

【育て方のポイント】

◎種まきと植えつけ

種まきも苗の植えつけも、春と秋の年に2回。ただし、夏越しは難しいので、長く葉の収穫を楽しむなら、秋からがよいでしょう。種まきで育てる場合は、好光性種子なので薄く覆土します。発芽適温は20℃。間引きを繰り返し、株間を30㎝ほどに広く取ると、より丈夫に育ちます。

苗は葉色がきれいなものを選び、根鉢を崩さずに植えつけます。背丈が伸びるので、鉢植えの場合は、はじめから深めの鉢を選び、植え替えを避けると根が傷みにくいです。

収穫後に花を咲かせれば、翌年こぼれ種で育てることもできます。

栽培には穴あきのビニールマルチを使用しても。環境に配慮した生分解マルチなら使いやすい。

◎育てやすい環境

日当たりのよい場所を好みます。根が深く伸びるので、栄養分の少ない土壌でもよく育ちます。鉢植えの場合は、乾燥すると葉がしおれるので、水切れしないように注意します。乾燥予防や防寒対策のために、株元にわらを敷いてマルチングを施します。地植えならビニール製のマルチでも同様の効果が期待できます。

同じセリ科のニンジンと混植すると、ニンジンの発芽を促進させます。ただし、同じ科でもフェンネルやパセリなどは種が交雑してしまうことがあるので、混植は避けましょう。

◎収穫

ある程度大きく育ってから収穫します。やわらかい葉先は手でちぎって収穫してOK。

夏が近づくと葉はかたくなるので、目的をスパイス用の種に切り替えて育て、種を収穫しても。花が咲いた後の茶色く色づいた種を茎ごと収穫し、風通しのよい場所に吊るしておきます。

外側の葉を株元から収穫するときは、ハサミで切る。切ることで枝が増え、収量が増える。

◎その他の管理

カメムシやキアゲハの幼虫がつきやすいため、見つけたらすぐに手で取り除きましょう。

【収穫後の愉しみ方】

葉や茎の爽やかな香りが、スモークサーモンや魚のマリネによく合います。ポテトサラダやスープの風味づけにも。花はサラダに散らしても華やかです。柑橘類との相性もよく、刻んだディルとレモン汁をマヨネーズに加えればワンランクアップ。

葉は細かく刻み、密閉袋に入れて冷凍も可能です。ディルシードは少量の油でローストして、料理のトッピングとして使うのがドイツ流。

• KOLUMNE •

庭摘みのハーブをテーブルに飾る

ドイツ人の自宅に招待されると、台所やテーブルや窓辺にハーブや草花がさりげなく飾られています。庭やプランターから摘んできたディルの花や、矢車草、チコリの葉などを、ジャムの瓶やコップなどに自由に大胆に挿すだけ。その自然な飾り方のセンスがとても素敵です。そしてそこには、庭摘みの花ならではの、いきいきとした美しさも感じられます。

具材をのせたクレープは、巻いて一口大に切り、初夏のピクニックやホームパーティーに持ち寄っても。「ゼクト」（ドイツのスパークリングワイン）との相性もばっちり。

01

ディルとサーモンのクレープ包み

Pfannkuchen mit Dill und Lachs

クレープの作り方

材料（5〜6枚分）

・薄力粉…25g
・強力粉…25g
・砂糖…小さじ2
・卵…1個
・バター…5g
・牛乳…130mℓ
・砂糖…小さじ2

作り方

1 ボウルに粉と砂糖を入れて混ぜ、卵を加え、泡立て器で混ぜる。
2 溶かしたバターを**1**に加え、牛乳を混ぜながら加えて、ザルなどで濾す。1時間以上休ませる。
3 熱したフライパンにバター（分量外）を入れて、生地を焼く。

作り方

1 クリームチーズは常温に戻しておく。クリームチーズソースの材料を混ぜる。
2 焼いたクレープ1枚を広げ、全体の半分に**1**を塗り、スモークサーモンを並べる。ディルと薄切りのレモンをお好みで飾り、塩、胡椒、ケッパーで味を整え、半分に折る。
3 皿にのせて、お好みでディルの花を飾る。

材料（2〜3人分）

・スモークサーモン（市販）…3〜6枚
・ディルの葉と花、レモン、塩、胡椒、ケッパー…各適量

クリームチーズソース

・クリームチーズ…40g
・水切りヨーグルト（市販のヨーグルトをキッチンペーパーでひと晩濾す）…60g
・ケッパー…小さじ1
・タマネギ（みじん切り）…大さじ1
・ディル（みじん切り）…大さじ1
・レモン汁、塩、胡椒…各少々

02

ディルとイワシの酢漬け

Eingelegte Fische mit Dill auf Knäckebrot

海の少ないドイツでは、魚を燻製や酢漬けで保存することが多い。塩漬けされた魚を酸味の強いリンゴやクリーム、ディルに漬け込んだ旧東ドイツのザーネヘーリング“Sahnehering”や茹で卵の塩漬け“Soleier”などレシピも多数。

材料（作りやすい分量）

・イワシ（3枚おろし）…4尾
・ディル…2〜3本
・レモンの皮…1個分

マリネ液
・酢（リンゴ酢など）…100mℓ
・砂糖…200g
・水…300mℓ
・ニンジン（薄めのスライス）…1/2本
・ニンニク…1片
・ローリエ…1枚
・ホール胡椒…15粒
・タマネギ（輪切り）…1/2個
・レモン汁…1/2個分

作り方

1 イワシは、塩水（水400mℓに塩30g）に入れて、冷蔵庫でひと晩浸ける。
2 マリネ液を作る。タマネギとレモン汁以外の材料を鍋に入れて、沸騰する直前まで火にかける。粗熱が取れたら、タマネギとレモン汁を入れて冷ます。
3 **1**を流水で洗って水分を拭き取り、くるくると巻いて爪楊枝で固定する。
4 保存瓶に**3**のイワシを、爪楊枝を取りながらディル、レモンの皮と並べるように詰め、**2**を注ぎ入れる。密閉して冷蔵庫で2〜3日漬け、味をなじませる。

クラッカーやパンにのせてオープンサンドにしたり、茹でたジャガイモに添えても。

• KOLUMNE •

ハーブの手仕事

どのレシピもお好みのハーブで代用できますが、ミックスするときは、風味のやわらかいハーブ（イタリアンパセリやチャイブなど）を多めに使い、風味の強いハーブ（ローズマリーやセージなど）を少量加えると味がまとまります。

仕込む

ハーブオイル

Kräuter-Öl

材料

・お好みのハーブ（ローズマリー、タイム、
　セージ*を使用）…適量
・オリーブ油…ハーブが浸かる量
・塩…少々
・ニンニク（みじん切り）…1片

*セージは少なめがよい

作り方

1 ハーブは粗めのみじん切りにし、瓶に詰め、ハーブがしっかり浸かるまでオリーブ油を注ぐ。お好みで塩とニンニクを加える。

保存の目安　常温で約1か月。

• MEMO •

肉にも魚にも合い、鶏もも肉を漬け込んで焼いたり、サラダのドレッシングに混ぜても。ハーブオイルに使うハーブの組み合わせは無限大。

下準備

水で洗い、水けをよく切る

摘み取ったハーブは使いやすいサイズに切り分けて水を張ったボウルに浸しながら、やさしく水洗いする。土などの汚れを落とすと同時に、虫食いの葉などを取り除く。洗ったハーブは数本ずつ布巾などに包み、上から軽く押さえてしっかり水けを切る。水分は葉の隙間にたまりやすいのでよく確認しましょう。

ハーブマヨネーズ

Kräuter-Mayonnaise

材料

・お好みのハーブ（ディルを使用）…10〜15g

A
- ・卵黄…1個分
- ・マスタード…小さじ1
- ・塩…小さじ1/3
- ・レモン汁＊1…少々

・サラダ油＊2…100㎖

＊1 白ワインビネガーでもOK
＊2 香りのない油を使用

作り方

1 材料はすべて常温に戻しておく。ハーブはみじん切りにする。

2 **A**をボウルに入れて、塩がしっかり溶けるまで泡立て器でよくかき混ぜる。

3 **2**をかき混ぜながら、サラダ油を少しずつ加えていく。

4 **3**に**1**を加えてよく混ぜる。

※かき混ぜる際に、ハンドブレンダーを使うと便利

保存の目安 冷蔵庫で2日ほど。

・MEMO・

茹でたり蒸したりしたジャガイモにつけて食べるのが、ドイツ人は大好き。そのほか、茹で卵を刻んで加えてタルタルソースを作っても。

ハーブソルト

Kräuter-Salz

材料

・お好みのハーブ（イタリアンパセリ、タイム、ローズマリーなどを使用）…20〜25g
・レモンの皮…1/2個
・塩…50g

作り方

1 ハーブはみじん切りにする（写真**a**）。

2 すりおろしたレモンの皮と**1**を混ぜ、塩も合わせる。

※混ぜ合わせた後、フライパンで炒って水分を飛ばし、すり鉢で潰して細かい塩に仕上げるとより長持ちする

保存の目安

フレッシュの場合は冷蔵庫で1〜3か月。ドライは常温で1年。

・MEMO・

魚に振りかけたり、肉を仕込むときにもおすすめ。ハーブソルトをバターに混ぜ込んでバゲットに塗って焼いたり、サラダにかけたりしても。

ハーブバター

Kräuter-Butter

材料

・バター…50g
・お好みのハーブ（イタリアンパセリ、ディル、チャービルを使用）…大さじ2
・ニンニク…1/2片
・塩、胡椒…各少々
・レモン汁（お好みで）…大さじ1

作り方

1 バターは室温に戻しておく。
2 ハーブをみじん切りにする。ニンニクはすりおろす。
3 **1**と**2**、塩、胡椒、お好みでレモン汁を加えて混ぜる。
※レモン汁を入れすぎるとやわらかくなりすぎるので気をつける

保存の目安　冷蔵庫で約1か月。

• MEMO •

ハーブバターは、どんなハーブと合わせてもおいしい。チャイブ、イタリアンパセリ、ディル、チャービル、タイム、ローズマリー、レモンバーム、ミントなどをお好みで混ぜ込む。ラベンダーの花を使ってラベンダーバターにしても。ニンニク1片を入れてガーリックバターにするのもおすすめ。

ハーブコーディアル

Kräuter-Sirup

材料

・水…200㎖
・お好みのハーブ（ミントを使用）…40g
・砂糖…100g
・レモン汁…大さじ1～2

作り方

1 鍋に水と砂糖を入れ、沸騰させたらハーブを入れて軽く混ぜ、火を止めて、10分ほどふたをして蒸らす。
2 **1**を濾して、レモン汁を加える。
※ドライハーブで作るときは、生ハーブの半分の分量にするとよい

保存の目安
冷蔵庫で2～3週間。

• MEMO •

どのハーブでもOK。ハーブコーディアルをお好みの分量の炭酸水で割り、ミントとライムの輪切りを浮かべてノンアルコールのカクテルに（写真上）。

ハーブティー

Kräuter-Tee

[生のハーブを使って]

材料

・お好みのハーブ（ミント、レモンバーム、ローズマリーを使用）…適量

・湯…適量

※風味の強いローズマリーは少なめに

淹れ方

ティーポットにハーブをぎっしりと入れ、沸騰した湯を注ぎ、ふたをする。3分ほど蒸らしてカップに注ぐ。

・MEMO・

フレッシュハーブが収穫できる季節は、フレッシュハーブティーを楽しみ、冬の間はドライハーブでティーを楽しむのが、一般的。フレッシュは若々しい香りが楽しめ、ドライはやわらかい香りが楽しめる。季節のハーブを味わいながら、自分好みの組み合わせを探すのも楽しい。

冷凍保存する場合には…

多めに作って冷凍保存もできます。クッキングペーパーを使って、キャンディ包みにすると便利です。コツは、ひと巻き目に空気が入らないようにキュッとかために巻くこと。両端もしっかり絞りましょう。冷凍すれば、約3か月保存可能。手土産などにしても喜ばれます。

[ドライのハーブを使って]

材料

・お好みのドライのハーブ（レモンバーム、レモングラス、ミント、オレガノを使用）…適量

・ガーゼ製の袋…1枚

・湯…適量

淹れ方

袋にハーブを入れる（カップ1杯につき、ティースプーン1杯が目安）。カップに入れ、沸騰した湯を注ぎ、ふたをする。生のハーブより長めに蒸らすとよい。目安は約5分。

バジル

Basilikum [Basil]

太陽が大好きな熱帯生まれ！
摘芯を繰り返して大量収穫を

一般的なのは、スパイシーな香りと丸い緑葉が特徴のスイートバジル。ほかに、茎が紫色でシナモンに似た香りのシナモンバジル（写真上）や、葉が紫色のダークオパールバジルなど、種類は豊富です。気温が上がると生育旺盛になり、収量もアップ。夏にはシソに似た穂状の花も咲きます。

イタリア料理好きのドイツでは、キッチンスパイスとして人気のあるハーブ。温室で育てられたプラスチック鉢に入ったバジルが、一年中スーパーの野菜コーナーに並ぶほどです。

学名：*Ocimum basilicum*

科名：シソ科

原産地：熱帯アジア、アフリカ

別名：メボウキ、バジリコ

性質：非耐寒性一年草または多年草

草丈：50〜80cm

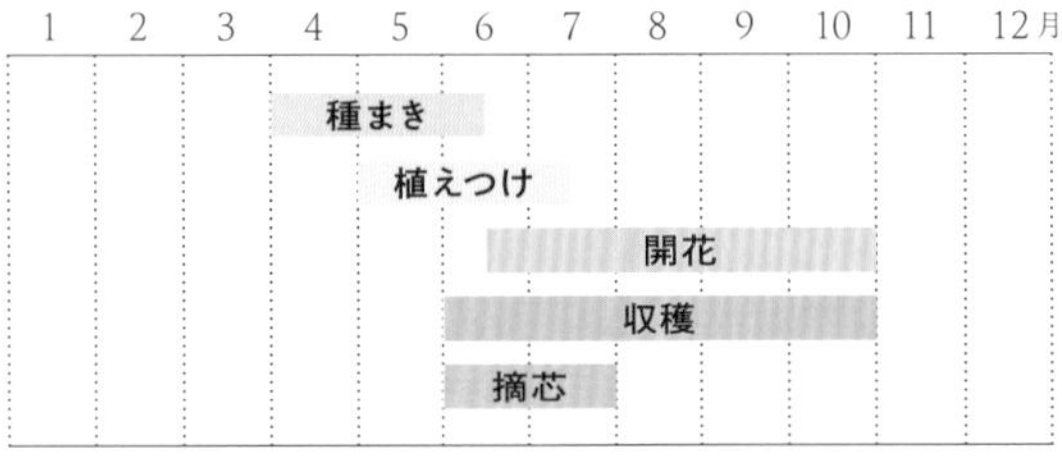

【育て方のポイント】

◎種まきと植えつけ

種まき時の発芽適温は20～25℃。水で湿らせた土の上に種をまいたら、光を好む好光性種子なので、種が薄く隠れる程度に土で覆います。発芽したら、隣の葉と触れ合う程度に育つたびに間引きを行います。間引き菜もおいしくいただきます。

苗は根鉢を崩さずに植えます。1ポットに数株育っている場合は、本葉4枚ごろに勢いのある2～3株を残して、それ以外は株元から摘み取ります。

定番のスイートバジル（右）と紫葉が印象的なダークオパールバジル（左）。香りに個性があり風味づけにも。

◎育てやすい環境

日当たりのよい場所で、水切れに気をつけて育てます。乾燥が続くと葉がかたくなり、風味が悪くなるので、涼しい時間帯に水やりをします。腐葉土やバークなどで株元をマルチングして、乾燥を防止するとよいでしょう。

バジルはトマトを害虫から守り、生育促進させて風味をよくします。混植がおすすめです。

◎収穫

草丈が20cmになったら株の先端を摘むことを摘芯と言います。こうすることで新しい芽がわきから伸びます。収穫はわき芽の上を10cmほど茎ごとにカット。花も食用として食べられます。

バジルの摘芯。地面から2～3節目を切る。これを繰り返すと、枝数が増えて株が充実し、長く収穫できる。

【収穫後の愉しみ方】

スイートバジルは、夏野菜や鶏肉、白身魚やチーズ、パンやパスタなどと調理します。とくにトマトの風味と相性抜群。煮込むと香りが飛ぶので、最後に加えて使うのがおすすめ。花は茎から外して料理の彩りにも。

バジルとレモン汁、はちみつで作るレモネードは、ビタミンCが豊富で夏にぴったりのドリンクです。バジルで作るジュノベーゼ（p.35）も、サラダやパスタに使える万能調味料です。

• KOLUMNE •

ハーブバス“Kräuterbäder”でリラックス

ドイツでは風邪のひき始めのときに「ユーカリ精油を入れた湯船に浸かって、体を温めて寝るように」と言われたものです。恐る恐るやってみると、アロマの蒸気で鼻や喉がすっきりして、だるかった体も整いました。ハーブバスは、リラックス効果や体調不良の緩和などに役立つ効果があるそうです。お好みのフレッシュハーブ（2つかみ）に約80℃のお湯（約1ℓ）を注ぎ、10分ほど置いてエキスを煎じます。38℃程度の湯船のお湯に加え、15～20分ゆっくり浸かると心と体の疲れもほぐれます。

01

バジルのパスタサラダ

Basilikum-Nudelsalat mit gebackenem Gemüse

ショートパスタはドイツ人のお弁当に大活躍。ドイツ時代の職場には、食べる直前にバジルをちぎって仕上げるという通な食べ方をする同僚もいたほど。

材料（2人分）

・バジルの葉…10枚

A
・ズッキーニ…1本
・パプリカ…1個
・ナス…1個

・ショートパスタ（フリッジなど）…200g

ドレッシング
・オリーブ油…大さじ3
・リンゴ酢*…大さじ1
・塩、胡椒、レモン汁…各少々

*バルサミコ酢でもよい

作り方

1 バジルを洗って、水けを切る。

2 **A**を小さめにカットし、天板に並べ、オリーブ油（分量外）を回しかけ、180℃のオーブンに入れ、25分ほど焼く。

3 パスタを表示時間通りに茹でる。

4 大きめのボウルにドレッシングの材料を入れ、よく混ぜておく。

5 **4**に**2**と**3**を加え、バジルを手でちぎり入れ、全体を混ぜ合わせて器に盛る。

02

バジル塩

Basilikum-Salz

バジルは乾燥させると香りが落ちてしまうので、塩にフレッシュな香りを閉じ込めて。焼いた野菜や肉に振りかけるだけでおいしい。

材料（作りやすい分量）

・バジルの葉…適量
・塩…保存瓶の容量分

作り方

1 保存容器の底に塩を薄く敷き入れ、バジルの葉を並べる。

2 **1**の上に塩を薄く敷き入れ、バジルを並べる。これを繰り返し、最後は塩が上になるようにしてふたをする。

※保存は冷蔵庫で。仕込んだ翌日から使えるが、日が経つほど味が濃くなる

ジュノベーゼソースの 作り方

材料（作りやすい分量）

・バジルの葉…50g
・オリーブ油…125㎖
・ニンニク…2片
・松の実…30g
・パルメザンチーズ…60g
・塩…小さじ1/2

作り方

1 オリーブ油少量とニンニクをブレンダーで混ぜる。松の実を加え、ブレンダーでなめらかになるまで混ぜたら、バジルの葉を3～4回に分けて加え、ブレンダーで混ぜる。さらにチーズと塩、残りのオリーブ油も加えてブレンダーで混ぜる。

※冷凍用保存袋に入れて冷凍保存できる。冷蔵の場合は保存瓶に入れて、その上から5㎜厚さを目安にオリーブ油を加えてふたをするとカビ予防になる。保存は冷蔵保存で約3か月。冷凍保存で約1年

パスタやニョッキ、茹でたジャガイモやインゲンマメと和えたり、グリルした夏野菜のソースにしたり、パンに塗ったり。とくに作りたてのソースの香りは格別。

03

鶏もも肉グリルの ジェノベーゼソースがけ

Gebratene Hähnchen mit Basilikumpesto

材料（1枚分）

・鶏もも肉…1枚
・塩、胡椒…各少々
・オリーブ油…小さじ2

作り方

1 鶏肉は、身の厚い箇所や筋が集まっているところに切り目を入れる。
2 両面に軽く塩、胡椒を振り、オリーブ油をひいたフライパンに皮目を下にして入れ、こんがり焼き色がつくまで中火で5分ほど焼き、裏返して弱めの中火で3～4分ほど焼く。
3 皿にのせ、ジェノベーゼソースをかける。

・MEMO・

ソースの材料の分量は難しく考えなくてOK。手持ちのバジルの量で自由に作ってよい。とろみの加減は最後にオリーブ油で調整する。

オレガノ

Oregano [Oregano]

地面を這うように広がり、ドライにしても香りが豊か

オレガノは種類が多く、マジョラムと一般的に呼ばれるスイートマジョラムや、花（実際は苞《ほう》）を楽しむ観賞用の花オレガノも仲間です。料理に使うなら、香りと風味の強いワイルドマジョラムなどを選ぶとよいでしょう。

横に広がるように伸びて育てやすく、春～秋まで長く収穫できます。花は2年目からで、赤、白、ピンクの花が穂状に咲きます。葉の香りは、開花直前がもっともよいと言われています。

オレガノは蜜源植物で、花にはミツバチが集まり、良質なはちみつがとれます。

学名：*Origanum vulgare*

科名：シソ科

原産地：ヨーロッパ～アジア東部

別名：ハナハッカ

性質：耐寒性多年草

草丈：30～90cm

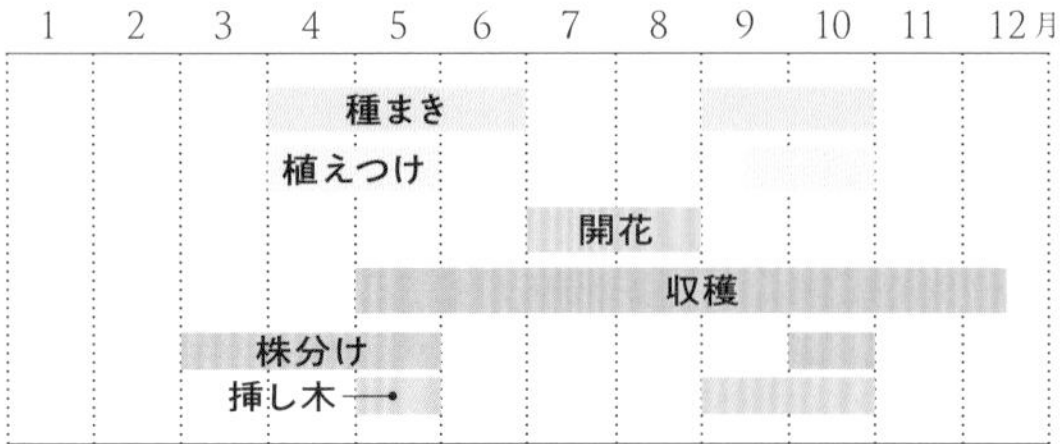

【育て方のポイント】

◎種まきと植えつけ

市販の苗を30㎝～50㎝間隔で植えつけます。丈夫で成長が早いので、もし茎が間延びしていても植えつければ元気に育ち、しっかりした株になります。種からも育てられます。

◎育てやすい環境

日当たりがよい、風通しのよい場所で育てます。土壌は痩せて乾燥した場所を好みます。鉢植えの場合は、土の表面が乾いたらたっぷりと水やりします。

◎収穫

茎は地面を這うように伸び、株は横に大きくなります。広がりすぎないよう、剪定しながら収穫しましょう。切ることで残った葉のつけ根からわき芽が伸び、茎や葉の数が増えます。蒸れに弱いので、梅雨の前に、株元5㎝くらいのところで刈り込みます。

収穫は晴れた日の午前中に行う。茎の先端を摘んで、10㎝ほどのところで収穫する。

収穫後にドライにする場合は、先端から15㎝ほど下で切り、洗わずにほこりや汚れを落とし、輪ゴムできつめに結び、小さな束にします。そして、風通しのよい場所に逆さに吊るしておきます（p.56参照）。

◎その他の管理

大きくなった株は、春に株分けをしてふやすことができます。株を掘り上げ、古い茎や根を取り除き、庭や鉢に植えつけます。

冬には地上部は枯れますが、地下茎は生きています。枯れた茎を残しておくと保温効果があり、春に再び芽吹きます。鉢植えは乾燥しないよう水やりを忘れずに。

春の株分けで、広がった株をリセット。掘り上げたら株を整えて別の場所か鉢植えに移植する。

【収穫後の愉しみ方】

フレッシュな香りにほのかな刺激があるオレガノは、肉料理やチーズと相性がよく、グリルや炒め物、煮込み料理に用います。ローズマリーやバジル、セージやタイムとともにブレンドしたプロヴァンスのハーブ"Kräuter der Provence"が有名です。ドライにするとより香りがアップし、保存もできて便利。ティーには消化促進効果も。フルーツと組み合わせて前菜やデザートにも使われます。

• KOLUMNE •

人々を幸せにするハーブ

幸せを呼ぶハーブとして婚礼でも使われていたとされるオレガノ。ドイツではオレガノの花を束ね、Teestrauβ（ハーブティーの花束）として乾燥させたものを贈ったりします。もちろん他のハーブを束ねてもOK。冬の時期のオレガノは紅葉し、それまでとはまた違った表情に。私はその時期になるとオレガノの剪定枝でブーケを作るのが楽しみです。

オーブン焼きは簡単にできる人気料理。ドイツではサマーパーティーなどに作られる。乾燥してかたくなった古いパンとハーブをミキサーで細かく刻んだパン粉を使って作ることも。

01

トマトとハーブのパン粉焼き

Überbackene Tomaten mit Kräuterbröseln

作り方

1 ハーブパン粉をつくる。フライパンにオリーブ油とニンニクを入れて、弱火で香りを立てる。パン粉を加えて炒め、油が全体に行き渡ったら、オレガノを加える（写真**a**）。カリッとするまで炒める。

2 トマトのヘタを取り除き、耐熱容器に並べて塩とオリーブ油を回しかけ、200℃のオーブンで7〜8分焼く。

3 **2**を取り出し、チーズをトマトに振りかけ、ハーブパン粉を広げるようにのせ、もう一度200℃のオーブンで表面が色づくまで7〜8分焼く。

・MEMO・

ハーブパン粉は、オレガノの代わりにイタリアンパセリでもおいしい。アンチョビパスタの仕上げ、グラタンなどオーブンで焼く料理に合う。冷凍保存も可能。

a

材料（2〜3人分）

ハーブパン粉

- ・ニンニク（みじん切り）…1片
- ・オレガノの葉（みじん切り）…大さじ2〜3
- ・パン粉…1カップ
- ・オリーブ油…大さじ3

・トマト（ミニまたは中玉）…10個ほど
・オリーブ油…大さじ1〜2
・パルメザンチーズ…大さじ2〜3
・塩…少々

ベルリンに移住したトルコ人によって考案されたケバブサンドはドイツの国民的ファストフードになっている。揚げた野菜をはさむのはベルリン流。

02
ベルリン風 ケバブサンド
Berliner Döner kebab mit Kräutersauce

ピタパンの作り方

材料（10枚分）
- 強力粉…3カップ
- 塩…小さじ1
- ドライイースト…小さじ1
- 砂糖…大さじ1
- ぬるま湯…250㎖

作り方

1 ドライイースト、砂糖、ぬるま湯50㎖を混ぜ10分ほどおく。ぷくぷくが目安。

2 強力粉、塩、**1**、ぬるま湯200㎖を加え、7〜8分ほどよくよくこねる。ラップをして温かい室内に40〜50分置き1.5〜2倍の大きさに生地が膨らむまで発酵させる。

3 打ち粉（分量外）をした台で10個に切り分け、軽く丸め（写真**b**）、麺棒で円形に広げる。

4 熱したフライパンで強火で両面を焼く。きれいに膨らんだら完成（写真**c**）。

作り方

1 マリネ液を作る。タマネギ、ニンニクをみじん切りにし、すべての材料を混ぜ合わせる。

2 鶏もも肉を薄くそぎ切りにして、**1**のマリネ液に1時間以上漬け込む（写真**a**）。

3 ヨーグルトハーブソースを作る。すべての材料を混ぜて冷蔵庫に入れておく。

4 生食するピーマンとタマネギは薄くスライスする。

5 ジャガイモはくし形切りに、シシトウはヘタを取り、油（分量外）で素揚げをする。

6 オリーブ油を熱したフライパンに、**2**の肉とマリネ液を加えて焼く。火が通り、カリッとするまで両面を焼く。

7 ピタパンを半分に切り、空洞の中の片面にヨーグルトハーブソースを塗り、肉、生野菜、揚げ野菜を加える。最後にもヨーグルトハーブソースをかける。

材料（2〜3人分）
- 鶏もも肉…300g

マリネ液
- タマネギ…2/3個
- ニンニク…1片
- オレガノの茎葉（みじん切り）…大さじ1
- タイムの茎葉（みじん切り）…大さじ1/2
- ヨーグルト…大さじ2
- オリーブ油…大さじ2
- 塩、胡椒…各少々
- クミン…適量

ヨーグルトハーブソース
- 水切りヨーグルト（p.26参照）…150g
- ハーブ（オレガノ、イタリアンパセリ、チャイブなど。粗刻み）…大さじ2
- レモン汁…小さじ1
- ニンニク（すりおろし）…1片
- 塩、胡椒…各少々

- ピーマン…1個
- タマネギ…1/2個
- ジャガイモ…2個
- シシトウ…5〜6本
- オリーブ油…大さじ1

セージ

Salbei [Sage]

美しいシルバーリーフは肉料理の引き立て役に

品種の多いセージのなかで、食用としてなじみ深いのはコモンセージ。爽やかな芳香とほろ苦さが特徴で、食欲増進や喉の痛みを和らげる作用などがあり、「長寿のハーブ」として親しまれています。栽培は地中海気候が合うため、日本の高温多湿は苦手。植えっぱなしでは生育が悪くなりがちなので、3年を目安に挿し木や株分けをして株の更新をします。

ドイツには「ベルグガルテンセイジ」という灰緑色の大きな葉が美しい品種があり、親しまれています。

学名：*Salvia officinalis* L.

科名：シソ科

原産地：ヨーロッパ～アジア

別名：ヤクヨウサルビア

性質：耐寒性常緑低木

樹高：80cm

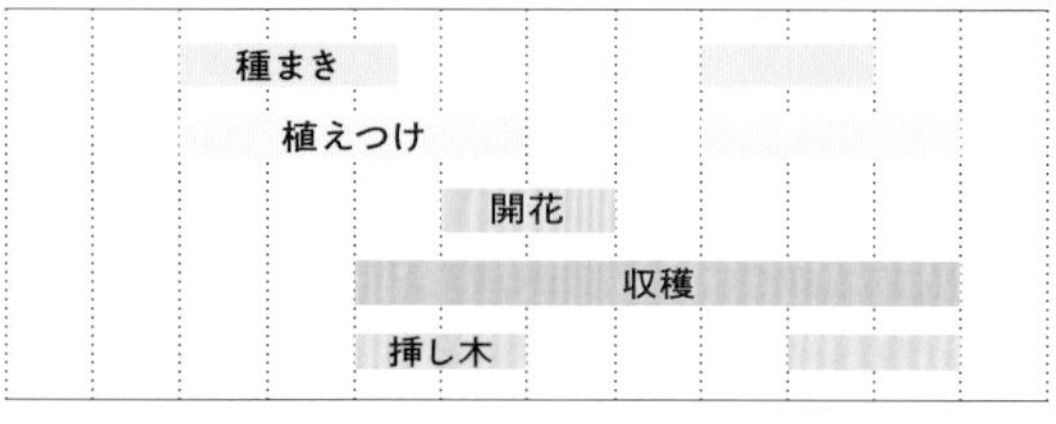

【育て方のポイント】

◎種まきと植えつけ

市販の苗を用意します。できるだけ株元に芽が多く出そうなものを選びましょう。間延びしていたり、上部が枯れたりしていたら、株元の新芽だけを残して上部はカットしてOK。鉢植えなら、水はけのよい土に植えつけます。

種から育てる場合は、育苗して植えつけます。

◎育てやすい環境

日当たりがよく、風通しのよい場所を好みます。夏の熱さや乾燥には弱いので、西日の当たらない場所を選び、株元に敷きわらをして、水切れを起こさないように注意します。

酸性の土が苦手なので、植えつける土壌には、カキ殻石灰などを加えて中和させるとよいでしょう。鉢植えの場合は夏場は明るい半日陰に。水やりは表土が乾いたらたっぷりと与えます。

冬に地上部は枯れたように見えても根は生きています。鉢植えは霜に当てないよう軒下に置きましょう。地植えの場合は、株元に腐葉土や枯れ葉をかけて寒さよけを。

◎収穫

収穫時期は春〜秋。収穫する葉をつまみ、わき芽の上あたりでカットしましょう。葉が充実していて香りが強いのは開花前です。

草丈が30㎝以上になったら収穫してOK。しばらくすると、わき芽から新芽が伸び出す。

◎その他の管理

葉をメインに収穫する場合は「切り戻し」を春と梅雨前の2回行います。春先に株元の新芽の上と木質化した茎を株元5㎝くらいまで切ります。梅雨前には風通しをよくするため、全体の半分から⅓を目安に切り戻し、さらに葉が重ならないよう間引くとよいでしょう。花を楽しみたい場合は、春先には剪定せず、花後、猛暑になる前に早めに切り戻します。

切り戻しをした葉は利用できます。ドライにしたり、冷凍保存することも可能です。

切り戻しを行う際には、枯れ枝や変色した葉も一緒に整理する。

【収穫後の愉しみ方】

肉の臭みを消すので、とくに豚肉との相性がよく、消化を助けてくれるので、脂っこい料理にも合います。イタリア・ローマの郷土料理・サルティンボッカ（子牛肉に生ハムとセージをのせてソテーした料理）にも欠かせません。葉を揚げてフリッターにすれば、ビールのおつまみにぴったり。ドライにして長期保存も可能。ドイツでは、セージと砂糖とレモン汁と水で自家製の喉飴や咳止めシロップを作ったりもします。

• KOLUMNE •

ハーブティーで不調を整える

ドイツのApotheke（薬局）では、風邪や喉の痛み、不眠など効能別にブレンドされたハーブティーが数多く販売されています。風邪の症状で病院に行って診察してもらうと、「窓を開けて換気して、ハーブティーを飲んで、森や公園へ散歩しなさい」なんて言われることも。軽症である場合は、自然療法を取り入れて不調を整えていきます。

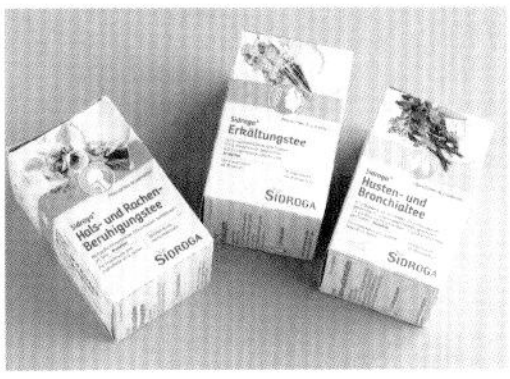

ドイツ南西部の都市・フライブルクのイタリア料理店で食べてから虜になったメニュー。バターがセージの風味を引き立たせる。熱を入れすぎると苦みがでるので注意。

01

ニョッキのセージバターソース

Salbei-Butter Gnocchi

材料（2〜3人分）

ニョッキ
- ・ジャガイモ*…300g
- ・塩…少々
- A ・卵…1個
- 　・薄力粉…100g
- 　・塩、胡椒…各少々

セージバターソース
- ・バター…30g
- ・セージの葉…4〜5枚

・パルメザンチーズ、胡椒（お好みで）…各適量

*粉質系品種がおすすめ

作り方

1 ニョッキを作る。ジャガイモを皮付きのまま丸ごと塩茹でし、やわらかくする。熱いうちに皮をむき、マッシャーなどでつぶす。なければ、目の粗いザルで濾す。

2 ボウルに**1**を入れて中央にくぼみを作り、**A**を入れて全体がひとつにまとまるようにかためる。練りすぎない。

3 かたまりを二等分し、それぞれ細長い棒状（直径1㎝目安）に伸ばし、1.5㎝幅に切っていく。フォークの背を当て、形を作る。

4 大きめの鍋にたっぷりの湯を沸かし、塩をひとつまみ（分量外）入れて、切ったニョッキを茹でる。浮き上がってきたら、ザルにあげ、水けを切る。

5 セージバターソースを作る。フライパンに弱火でバターを溶かし、セージを入れて香りをバターに移す（写真**a**）。

6 **5**のフライパンにニョッキの茹で汁を少し入れてよく混ぜる。茹で上がったニョッキも入れて混ぜる。

7 皿に盛り、パルメザンチーズや胡椒を振りかけてもよい。

a

ドイツと言えばソーセージ。セージはソーセージの語源となったという一説も。典型的なソーセージの味と感じるものはセージの味からきているそう。ドイツ南部の都市・ニュルンベルクのブラートブルスト（ソーセージの一種）は直火の網焼きが有名。とっても美味。

02

ドイツ風 手作りソーセージ

Bratwurst mit Salbei

材料（作りやすい分量）

- 豚ひき肉（肩ロース）…500g
- A
  - タマネギ（すりおろし）…1/4個
  - ニンニク（すりおろし）…1片
  - 塩…5g
  - 黒胡椒…2g
  - 砂糖…5g
- 氷（普通の氷を粗めに砕く）…5～6個
- セージの葉…3～4枚
- イタリアンパセリ…5～6本
- 羊腸…2～3m

※その他、ソーセージ用絞り袋を準備する。ない場合はラップ等で代用可

作り方

1 羊腸は水をはったバットなどに入れて、15分ほど浸けて、塩抜きをする（写真**a**）。

2 ボウルに**A**と氷を入れる。

3 **2**のボウルを、氷(分量外)と水をはったボウルの上に重ねて置き、よく混ぜる。粘りが出てきたら細かく刻んだセージとイタリアンパセリを加え、肉がペースト状になり白みが出てくるまで混ぜる。冷蔵庫で1時間ほど休ませる。※低温を保ちながら進めること。

4 絞り袋に口金をセットし、先端に羊腸を全部たくし込む。具を絞り袋に入れ、少し絞り出し、腸の先を結び、中身を絞り出す。腸詰めが終わったら、半分に折り、2～3回ねじり、二つ折りにする。二つ折りにしたソーセージを10㎝ほどで2本一緒に2～3回ねじり、輪を作る（写真**b**）。輪に1本をくぐらせて結ぶ。繰り返し編みあげて、端と端を結んで輪にする。

5 大きな鍋で70～75℃をキープしながら20分茹で、氷水（分量外）に取って冷やし、結び目を切り離す。

6 軽く油をひいたフライパンで焼き色がつくまで焼く。お好みでザワークラフトや粒マスタードを添える。

タイム

Thymian [Thyme]

生育旺盛で、一年中収穫できて クセのない清涼感が魅力

寒さに強く生育旺盛なタイムは一年中収穫でき、ピリッとした清々しい香りが特徴。肉や魚とも相性がよく、ひと鉢持っておくと便利です。種類が豊富で、枝が上に伸びる立ち性と、地面を這うように広がる這い性タイプがあります。料理によく使うのは、立ち性のコモンタイム。這い性は庭のグラウンドカバーとして植えると、踏むたびによい香りが楽しめます。

イチゴと相性がよいので、ドイツではタイムとイチゴのマリネやErdbeere-Thymian-Essig（イチゴとタイムのビネガー）を作ります。

学名：*Thymus vulgaris* L.

科名：シソ科

原産地：地中海沿岸

別名：タチジャコウソウ

性質：常緑小低木

樹高：15～30cm

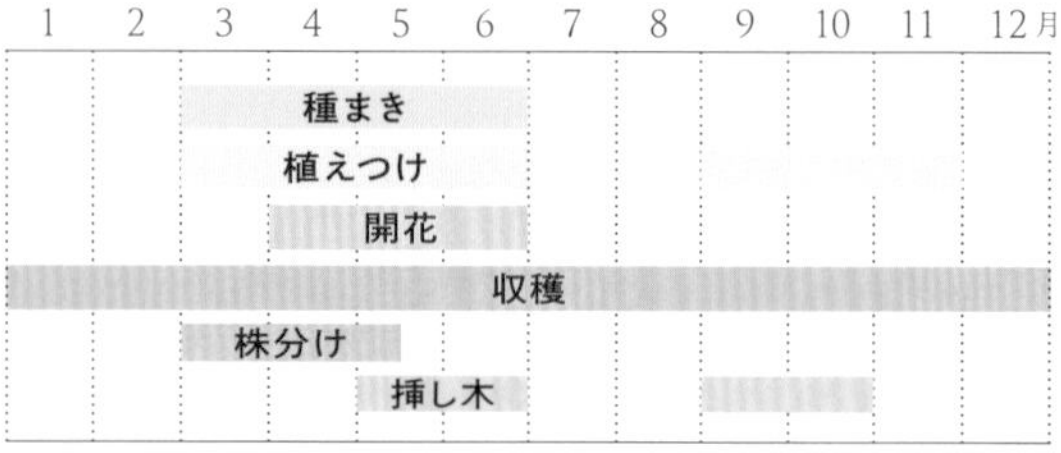

【育て方のポイント】

◎種まきと植えつけ

苗を選ぶ際は、内側が枯れたものや下葉が黄色いものは避けます。種も市販されています。

根は深く張らず、乾燥が苦手なので、地植えでは敷きわらやチップなどで乾燥予防のマルチングを。鉢植えの場合は、広さがあれば浅めの鉢でも大丈夫です。

香りの異なる、フレンチタイムやレモンタイムなど、数種類を植えつけても楽しめます。

◎育てやすい環境

太陽を好み、葉に光が当たるほど香りが増します。日当たりと風通しのよい場所を選びましょう。生育旺盛ですが、高温多湿が苦手。枝葉が込み合って通気が悪くなると枯れるので、切り戻しを兼ねて刈り込み、乾燥気味に育てると形良く育ちます。鉢の場合も乾かし気味にして、水やりは表土が乾いたらたっぷり与えます。

タイムの花。春～初夏に沢山の小花が咲く。ミツバチが集まる蜜源植物。

◎収穫

株がこんもりしてきたら一年中収穫できます。木質化したところからは新しい芽は出てこないため、常緑の部分を収穫していきます。

根元部分は木質化するので、先端の15㎝程度をハサミで切る。午前中は香りが強い。

◎その他の管理

梅雨前と新芽が動く前の2～3月ごろに全体を切り戻して株姿を整えます。株元の新芽の上まで剪定しても大丈夫です。

また、地植えの場合は「茎ふせ」をすると簡単にふやせます。やり方は、伸びている枝を地面の上に横にして、石を置くだけでOK。

茎ふせの前（写真上）と後（同下）。発根したら、枝を切って新しい株として育てる。

【収穫後の愉しみ方】

加熱しても香りが飛ばないため、スープや煮込み料理、ソース作り、香草焼きなどに枝ごと入れて、香りづけや臭み消しに。乾燥しても香りが残るため、ドライもおすすめ。花はサラダなどの彩りになり、器に葉と一緒に飾ってもかわいらしいです。

ドイツでは、血液の巡りをよくするためにタイムをお風呂に入れます。切り戻しなどで沢山収穫できたときにはぜひお試しを。

・KOLUMNE・

ドイツのHausmittel（家庭薬）

ドイツには薬草を使った家庭薬のレシピが沢山あります。たとえばOxymel（はちみつ酢）。茎を取り除いたローズマリーとタイムの葉を瓶に入れたら、はちみつとリンゴ酢を3：1の割合で混ぜたものを注ぎます。

10日間ほど冷暗所に置き、濾して、消毒済みの瓶に入れます。水に薄めて飲むと、風邪などの予防にも。

01

タコとタイムのトマト煮

Oktopus auf Art von Santa Lucia

イタリア・ナポリの郷土料理。ドイツ生まれのイタリア人の同僚曰く、「トマト缶は酸味が強いから、砂糖を少し入れて煮込むとおいしくなるのよ」とのこと。

材料（2～3人分）

- 茹でダコ…400～500g
- オリーブ油…大さじ2～3
- ニンニク…1片
- アンチョビ…2～3枚
- ケーパー…10g
- トマト（缶詰）…1缶
- タイム…2～3枚
- 黒オリーブ…20g
- 塩、胡椒…各適量

作り方

1 鍋にオリーブ油とスライスしたニンニクを入れて弱火で熱し、香りがオリーブ油に移ったら、アンチョビとケーパーを加えて軽く炒める。

2 缶詰のトマトを1cm角に切って汁ごと**1**に加え、さらにタイムも入れ、トマトの酸味がなくなるまで煮込む。

3 **2**が煮立ったら、黒オリーブと食べやすい大きさにカットしたタコを加え、オリーブ油（分量外）を回しかける。15～20分中火で煮込んで、塩、胡椒で味を調える。

4 器に盛り、さらにオリーブ油（分量外）を回しかけ、あればタイム（葉）を振る。パリッと焼いた薄切りバゲットを添える。

・MEMO・

パリッと焼いた薄切りバゲットにのせてもおいしい。トマト缶のトマトは酸味が強いものが多いので、砂糖小さじ1/2を加えて煮込んでもよい。酸味が落ち着き、まろやかになる。

パイ生地の作り方

材料（生地21cmタルト型）

・薄力粉…150g
・バター（食塩不使用）…75g
・塩…2g
・冷水…75mℓ

作り方

1 パイ生地を作る。小麦粉とバターをボウルに入れ、カードでバターが小さくなるまで切り込む。
2 **1**をすり合わせて砂状にし、塩と冷水を入れて、カードでざっくりまとめる。
3 **2**をボウルの中でカードで半分に切り、生地を重ねる。ボウルの角度を1/4変えてカードで生地を押しつぶし、半分に切り重ねる。これを4回ほど繰り返す。生地を2cm厚さに薄めにつぶしてラップで包み、1時間以上休ませる。
4 オーブンシートを敷いた台に、**3**をのせてラップをかける。麺棒で2㎜位の厚さまで丸く伸ばす。
5 型に**4**を敷き、麺棒を転がして余分な生地を取り除いたら、フォークの先で表面に穴をあける。生地の上にアルミホイルを敷き、重しをのせて、200℃に予熱したオーブンで15分焼く。色づいたら重しを取り除き、180℃で10分から焼きにする。

作り方

1 バターナッツカボチャの皮をむき、1cm幅に切り、長さを半分に切る。
2 ボウルに**1**と枝付きタイム、オリーブ油を入れて混ぜて絡ませる。
3 天板に**2**を並べ、塩・胡椒を全体に振り、180℃のオーブンで焦げ色が付くまで20分～30分焼く。
4 タマネギを縦にスライスして、きつね色になるまで10分ほど炒める。ベーコンは1cm角に切り、同様に炒める。
5 アパレイユを作る。ボウルに卵を割り入れて混ぜ、**A**を加えて混ぜ合わせる。
6 パイ生地の上にチーズ半量を薄く敷き、炒めたベーコンとタマネギ半量を広げ、**3**のバターナッツ半量ものせる。アパレイユを注ぎ、残りのチーズを振りかける。残りのベーコンとタマネギとバターナッツものせて、180℃に予熱したオーブンで約40分焼く。
7 焼き上がったら、タイムの葉を散らす。

材料（21cmタルト型1台分）

・バターナッツカボチャ*1
…1/2個
・タイム…4～5枝
・オリーブ油…大さじ1～2
・塩、胡椒…各適量
・タマネギ…1/2個
・ベーコン…100g
・卵…2個
A
・牛乳…50mℓ
・生クリーム…100mℓ
・塩…ひとつまみ
・胡椒…少々
・ナツメグ…少々
・タイムの葉…3～4枝分
・グリュイエールチーズ*2…50g
・タイムの葉（仕上げ用）…適量

*1 普通のカボチャでもOK
*2 お好みのチーズで

02
カボチャとハーブのキッシュ
Kürbis-Quiche mit Thymian

キッシュはブランチのプレートに人気。料理に向く甘いカボチャとしてドイツではバターナッツを使うのが一般的だが、手に入りやすいものでOK。

ミント

Minze [Mint]

リフレッシュ効果抜群の爽やかな香りが魅力

学名：*Mentha* spp.

科名：シソ科

原産地：北半球の温帯地帯、アフリカ

別名：ハッカ

性質：耐寒性多年草

草丈：20〜90cm

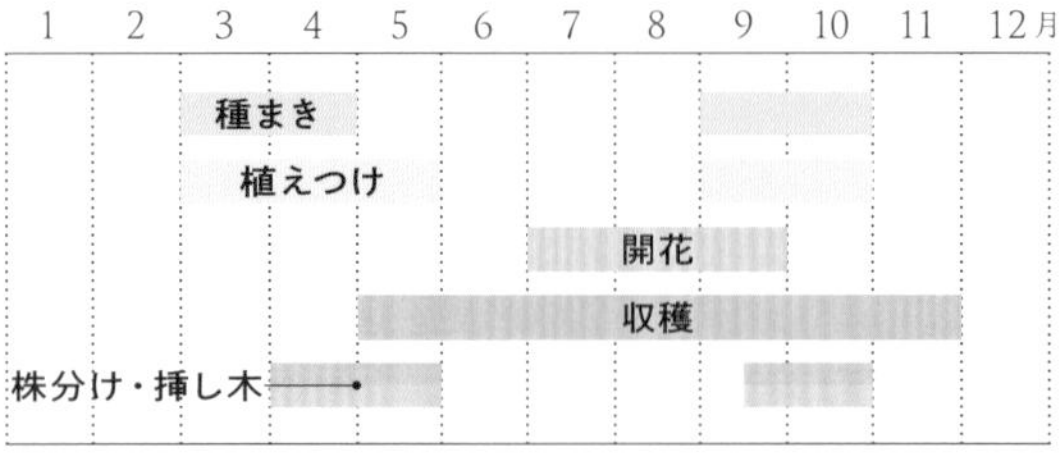

清涼感のある香りの代表とも言えるハーブ。スペアミントをはじめ、アップル、モヒート、ペッパー、イエルバブエナなど種類が多く、それぞれ香りが異なります。いずれも生育旺盛で、横に広がる地下茎からも新しい芽を出し、気づけば一面ミントだらけになることも。

日本原産の日本ハッカは、洋種ハッカよりもメントールの含有量が多く、多くは薬用として使われています。ドイツではペパーミントオイルは頭痛の緩和に使用したり、薬用植物としても日常的に利用されています。

【育て方のポイント】

◎種まきと植えつけ

市販の苗を、春や秋の穏やかな季節に植えつけます。地下茎が旺盛に広がるので、土の中に仕切り板を埋めておくとよいでしょう。株分けや挿し木で容易に増やすことができます。種から育てる場合は育苗して植えつけます。

株が小さいうちに先端の葉を摘み取る摘芯を行うと、わき芽が伸びて茎や葉が増えます。これを繰り返すとこんもりとした株姿に。

◎育てやすい環境

やや湿り気がある栄養豊富な土壌を好みます。風通しのよい日なた~半日陰でよく育ちます。水切れを起こすと葉がかたくなるため、乾燥を防ぐために株元に腐葉土などでマルチングをし、乾いたら水やりをするとよいでしょう。鉢植えの場合は、表土がやや乾いたら、たっぷりと水やりをします。

◎収穫

春から秋まで収穫できます。葉の先端から10cm~15cmの茎をわき芽の上あたりで切ります。花が咲くと、葉に栄養が行き届かなくなるため、葉を収穫するなら5~6月に花芽を摘み取ります。葉の香りは開花前がもっとも豊か。ドライにするならこの時期がベストです。

また、収穫を兼ねて切り戻しをしても。剪定することでフレッシュで良好な葉が育ちます。花を楽しみたい場合は、剪定は開花後に行うとよいでしょう。

収穫を兼ねた切り戻し。地際から葉を2～4枚残した節の上でカットする。また新しい芽が育って収穫できる。

◎その他の管理

風通しが悪いとアブラムシやハダニがつくので、夏は茎を間引くとよいでしょう。秋には、地際からばっさり切り戻しても。冬、地上部は枯れますが、根は生きていて、春に再び新芽を出します。

生育旺盛なミントですが、3年目くらいから勢いがなくなります。2年毎に株分けを行い、別の場所に植え替えるか堆肥などを施します。

【収穫後の愉しみ方】

若くやわらかい葉は、茎から外してサラダにしたり、生春巻きに加えたりしても。沢山収穫したときは、ハーブコーディアル（p.30）を作っておくと、炭酸水割りやお菓子作りに便利です。湯船や手湯に、枝ごと浮かべるだけで爽やかな香りが楽しめます。

ドイツではミントをグラスいっぱいに詰めて、〝モヒート〟カクテルや、ミントウォーター、ミントジンジャーティーを楽しみます。

• KOLUMNE •

ハーブウォーターでリラックス

ドイツ人は初夏から秋にかけてお天気のよい日は決まってテラスや庭で過ごします。ランチやティータイム、読書するテーブルには、庭から摘んだミントやゼラニウムなどの花が飾ってあるグラスと、たっぷりのミントやスライスレモンが入ったハーブウォーターのピッチャーが置いてあります。スライスしたキュウリやローズマリーが入る場合も。

ドイツ人の大好きな初夏のサラダ。ブッラータチーズの代わりにフェタチーズ（山羊のチーズ）や、生ハムやルッコラなどをトッピングして、アレンジしても。

01

ブッラータとイチゴのミントサラダ

Burrata-Salat Mit Minze und Marinierte Erdbeeren

・MEMO・

アップルミント、スペアミント、モヒートミントなど、色々な種類をミックスしてもおいしい。

作り方

1 洗ったイチゴを食べやすい大きさにカットする。ボウルに**A**を入れて混ぜ、イチゴも入れてマリネする。

2 ブッラータチーズを皿に広げ、塩、胡椒で味を調え、オリーブ油を回しかける。

3 **2**に**1**をのせ、ミントを散らす。

材料（2〜3人分）

・イチゴ…10個
・ブッラータチーズ…1個
A ・レモン果汁…大さじ1/2
・はちみつ…小さじ1
・白ワインビネガー*…大さじ1/2
・塩、胡椒…各少々
・オリーブ油…大さじ1
・ミントの葉…適量

*バルサミコ酢でも

02

チョコとミントのアイス

Minzeis mit Schokostückchen

ドイツにはイタリア人が経営するジェラート屋が町のあちこちにある。種類が多く、なかでもチョコ&ミントアイスは人気。

作り方

1 卵黄にグラニュー糖を加え、白っぽくなるまで泡立て器で混ぜる。

2 牛乳を80℃前後に温め、**1**に3回に分けながら加え、しっかり混ぜて、濾す。

3 **2**を鍋に入れ、弱火でゴムベラでかき混ぜる。とろみがつくまで10分ほど温めたら濾して、氷（分量外）にあてながら粗熱を取る。

4 生クリームを角が立つまで泡立て、**3**を3回に分けて加え、ざっくり混ぜる。

5 **4**に刻んだミントの葉とチョコレートを入れて混ぜ、容器に移して12時間以上冷やす。

6 途中3時間ほど凍らせてかたまってきたら、フォークなどで全体をかき混ぜる。1時間おきに2〜3回かき混ぜるとなめらかな食感になる。

材料（作りやすい分量）

・卵黄…3個
・グラニュー糖…70g
・牛乳…250ml
・生クリーム（35%）…150g
・ミントの葉…大さじ2
・チョコレート…30g

03

ミントのメレンゲクッキー

Minz-Baiser

作り方

1 卵白に塩を入れて泡立てる。砂糖を数回に分けて加え、その都度攪拌する。

2 ミントコーディアルを加えて、角が立つまでさらに泡立てる。

3 **2**を絞り袋に入れて天板に絞る。100℃のオーブンで1時間ほど乾燥させて、粗熱を取る。

材料（作りやすい分量）

・卵白…1個分
・塩…ひとつまみ
・粉砂糖…50g
・ミントコーディアル*（p.30参照）…小さじ1

*ドライのミントを細かく刻んで加えてもよい

・MEMO・

密閉容器に乾燥剤を入れておくと、2週間ほど常温で保存できる。使うミントの種類によって、味わいが変わるのも面白い。

沢山収穫したミントをふんだんに使って。ドイツにはメレンゲとベリーをあわせたTorte(ケーキ)の甘いレシピが沢山。

ラベンダー

Lavendel [Lavender]

花姿と香りの両方が楽しめ、心身を穏やかにする

学名：*Lavandula* spp.

科名：シソ科

原産地：地中海沿岸〜アフリカ北部

別名：クンイソウ

性質：耐寒性〜非耐寒性常緑低木

樹高：20〜100㎝

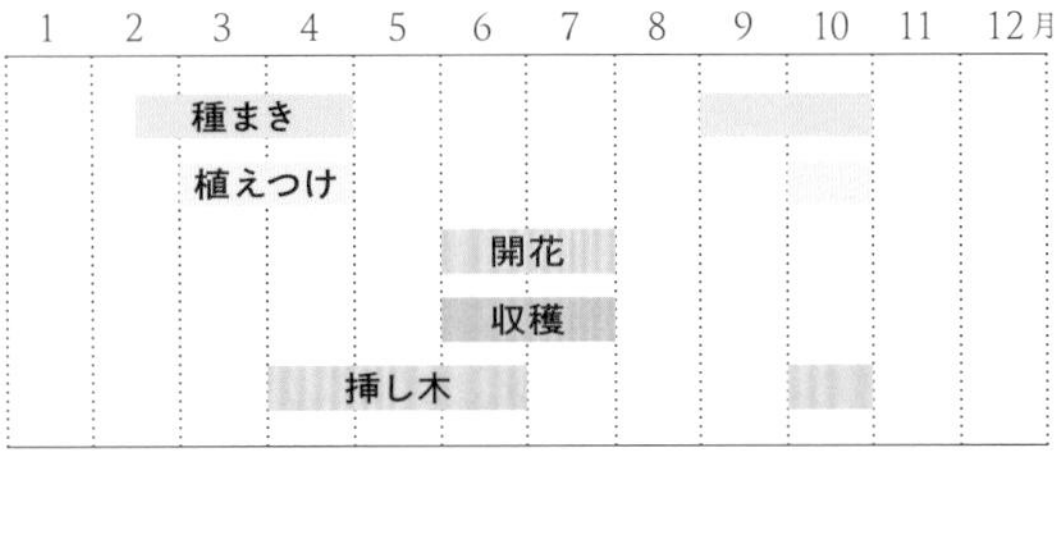

初夏に咲く花の香りには心身を穏やかにする働きがあり、つぼみがもっとも強く香ります。ドイツ人にとってラベンダーは、長期休暇で訪れることの多い南フランスのプロヴァンスに育つハーブとして愛されている植物です。品種改良が盛んで交雑しやすいため、品種は多数存在します。なかでも香り豊かで、暑さ、寒さにある程度耐えられるラバンディン系のグロッソ（写真）は日本でも育てやすい品種。剪定のタイミングを見極めて、株をリフレッシュさせると長く楽しめます。

【育て方のポイント】

◎種まきと植えつけ

苗は初秋に植えつけ、しっかり根を張らせておくと夏越ししやすいです。葉の色ツヤがよい苗を選びましょう。太い根が地中深く入っていくため、多湿にならないように、苗を地面よりも少し高く植える「高畝」にして水はけをよくするのがコツです。種も市販されています。

市販のよい苗。もし間延びや樹形が乱れた苗でも、剪定すればうまく育つ。

◎育てやすい環境

日当たりと風通しのよい環境を好み、日陰では株が貧弱になり、花つきも悪くなります。高温多湿には弱いため、花が終わる夏前に剪定して風通しをよくするとよいでしょう。鉢植えの場合は涼しい場所に移動させます。

土が乾いたら水やりはたっぷりと。過湿を嫌いますが、水切れしないように気をつけます。

移植には弱く、環境の変化で枯れることも。挿し木でふやすなら適期は春と秋です。

◎収穫

ドライフラワーやクラフト用に香りを楽しむなら、二分咲きからが適期。葉を4～6枚つけて花穂を切ることがポイントです。切った下の葉から新たに芽吹きます。花を楽しむなら、そのまま咲かせて花が終らないうちに収穫してドライにしても。

開花が梅雨と重なるため、晴天が2日続いた翌日の午前中、朝露が乾いた頃に収穫する。

◎その他の管理

初夏に花穂の収穫を兼ねて新芽の上から花茎と枝の剪定を。春先には、枝が込み合った大株は地際や古い枝を株元から近いところでカットし、枝の数を減らし、風通しをよくします。

初冬には、新芽を残して強めの剪定を行うと、樹形が整い、その後の花穂が大きくなる。

【収穫後の愉しみ方】

葉や新芽部分はスパイシーな風味があるので、ラム肉や魚に合います。花は肉や魚料理、スープやシチュー、焼き菓子やアイスクリームなど万能に楽しめます。バターと花穂を混ぜて作るラベンダーバターは、グリルしたお肉に添えて。砂糖と混ぜるラベンダーシュガー、植物油と作るラベンダーオイルなど、利用法は豊富です。花が咲き切る前に収穫し、乾燥させればポプリにも。枕や布団に入れて香りを楽しめます。

・KOLUMNE・

夏の市場の風物詩・ラベンダー売り

毎年、夏のドイツの市場には、プロヴァンスで7月に収穫されて天日で乾燥させたラベンダーの花束やLeinensäckchen（サシェ）、精油や石鹸などが並んでいます。南フランスはドイツ人の憧れの地でもあるので、この時期のラベンダー市を楽しみにしている人も多く、おすそわけ用にまとめ買いする人も。

ドイツのバイエルン州の名物デザート。フライパンで崩しながら生地を焼くのが特徴。レーズンやアーモンドやキャラメルソースなど沢山のバリエーションで楽しめる。

01

ラベンダーのカイザーシュマーレン

Kaiserschmarrn mit Lavendel

作り方

1 鍋に牛乳とラベンダー小さじ2を入れ、沸騰直前まで温めて火を止める。ふたをして10分ほど蒸らし、粗熱を取って濾す。

2 生地を作る。ボウルに卵白と砂糖を入れてメレンゲ状に泡立てる。

3 別のボウルに卵黄と塩を入れて混ぜたら、**1**と薄力粉を加えて混ぜる。**2**を加えて混ぜる。

4 **3**にラベンダー小さじ1～2を加えて軽く混ぜる（写真**a**）。

5 フライパンにバターを熱し、生地を全量流し入れ、ブルーベリーものせる。黄金色に焼けたら裏返し、フライパンのなかで生地を食べやすい大きさに切り崩し（写真**b**）、しっかり焼く。

6 皿に盛り、粉砂糖を振りかける。ラベンダーの花とはちみつを合わせたラベンダハニーを垂らしても。

材料（2～3人分）

- ラベンダーの花穂*
  …小さじ2
- 牛乳…200g

生地

- 卵…3個
- 砂糖…大さじ1
- 薄力粉…100g
- 塩…ひとつまみ

- バター…20g
- ブルーベリー…適量
- 粉砂糖…適量

*生花。フライパンで軽く煎る

バカンスでプロヴァンスへ行ったような気分にさせてくれるデザート。ラベンダーのほのかな風味が味わえる。

02

ラベンダーのプリン

Crème Caramel mit Lavendel

材料（プリン型8個分）

- 卵…3個
- 砂糖…75g
- 牛乳…380mℓ
- 茶葉（アッサム）…6g
- ラベンダーの花…小さじ2〜3

カラメル

- グラニュー糖…60g
- 水…20mℓ

- 湯…20mℓ

作り方

1 カラメルを作る。小鍋にグラニュー糖と水を入れ、中火で加熱し、周りから溶け出したらヘラで混ぜて、茶色く色づいたら火を止め、湯を加える。再び熱し、湯となじんだら火を止め、熱いうちにプリン型に注ぎ分ける。

2 プリンを作る。小鍋に牛乳、茶葉、ラベンダーの花を入れ、かき混ぜながら中火で加熱し、沸騰する手前で火を止める（写真**a**）。ふたをして10分ほど蒸らしたら濾す。

3 ボウルに卵をほぐし、砂糖を入れて、砂糖が溶けるまで混ぜる。50℃ほどの温度で**2**を3回に分けて加え、泡だて器で砂糖のザラザラがなくなるまで混ぜて、濾す。

4 **1**の型に流し、130℃で1時間、オーブンで蒸し焼きにする。粗熱が取れたら冷蔵庫で冷やす。

• KOLUMNE •

ハーブの手仕事

飾る

ドイツ人の友人の家に行くと、庭摘みのハーブがさりげなく飾られている光景によく出合いました。それは、暮らしの中に豊かさをもたらす、香りのインテリアです。ちょっとした飾り方と、ハーブで作る簡単なアレンジメントをご紹介します。

テーブル周りに

季節のハーブを束ねて
グラスにポン！と入れるだけ。
ドイツではセンターテーブルに
同じサイズのグラスを複数並べて飾り、
家族や友人との食事を楽しんでいました。
リズミカルな動きが卓上に生まれ、
香りもよく、会話も弾みます。

ミント、ローズマリー、フェンネル、チャービルなど

カトラリーにハーブを添えて。
着席したとき、ハーブの心地よい香りが漂います。
お招きの演出にもぴったり。

タイム

料理のトッピングになるハーブは、
グラスに挿し、料理の脇に置いて。
そこからちぎってお好みの量を
料理に散らせば、自分好みの味になり、
テーブルの上も華やぎます。

ディル、ローズマリー、セージ

吊るしてドライに

生のハーブは乾くと水分が抜けて縮むので、束ねたハーブは輪ゴムできっちり留めて抜け落ちないようにする。

収穫したハーブを1種類ずつ束ねて
部屋に吊るすだけで、素敵なインテリアに。
生からドライに変化する様子も楽しめます。
きれいに乾かすなら、風通しがよく、
直射日光の当たらない空間が最適です。

ローズマリー、オレガノ、タイム、ミント、エキナセア

＝使ったハーブ

カゴに飾る

ピクニック好きなドイツ人は屋外で食事をするときも
周りにハーブなどを飾って楽しみます。
バスケットの中に、水を張れる器を入れて
自由にハーブなどを挿していきましょう。
室内でも気軽に花を飾れるアイデアです。

カレンドラ、コリアンダー（花）、ヤロウ（花）など

b

a

d

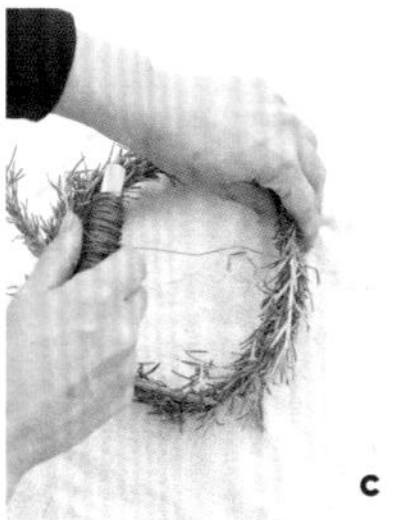
c

ローズマリーのリース

Rosmarinkranz

作り方

1 剪定したローズマリーの枝を丸める。枝を絡めながら二重か三重の輪にしていく(**b**)。

2 ローズマリーの枝の最後の部分をコイルワイヤーで巻き留め、リースベースを作る(**c**)。

3 ローズマリーのベースの間に、バランスを見ながら好きなハーブを挿し、茎元をコイルワイヤーで巻き留める(**d**)。最後に麻ひもを結んでフックを作る。

材料

ハーブ類/トウガラシ、ローズマリー、ブロンズフェンネルの花(黄色)、タイム、オレガノ(花後に紅葉)、セージ

道具

園芸用ハサミ、コイルワイヤー、麻ひも
…(**a**)

リースにする

盛りを過ぎた晩秋のハーブには、
しみじみとした美しさがあります。
伸びすぎたローズマリーの剪定枝の
躍動感を丸めてリースにすれば
なんとも伸びやかで軽やか。
紅葉したハーブ、赤トウガラシなどを
自由に挿していって、
晩秋の気配を室内に連れ帰りましょう。

質感の異なる2種類のミントを主役に
葉の形や大きさの違うローズマリーとタイムを
アクセントに加えたフレッシュリースです。
ハーブはいずれも長さ7〜8㎝に切り、
蔓のリースベースにワイヤーで巻き留めたら、
少し重なるようにもう1本ハーブを置いて
ワイヤーで巻き留めるのを繰り返すだけ。
ドライになっても1年くらい楽しめます。

❦ モヒートミント、ブラックペッパーミント、
ローズマリー、タイム

❦ = 使ったハーブ

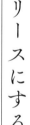

ブーケにする

初夏になると、次々と
ハーブの花が咲きます。
ミントの葉なども加えながら
手のひらに1本ずつ置いて束ねていけば、
かわいいブーケになります。
さまざまなハーブの香りが混ざった
豊かな香りに深呼吸したくなるはず。

チャービル、ディル、バジル、カレンドラ、
コーンフラワー、パクチー（花）など

スワッグにする

秋のハーブは、長く伸びきっていたり、紅葉していたり。
枝や茎の表情が自由で面白いので、
1本ずつの個性を生かしてスワッグを作りましょう。
長い枝ばかりでは手元部分が寂しくなるので
丈の短いレモンタイムを固めています。
グレーのリボンがハーブの魅力を引き立てて。

ローズマリー、オレガノ、フェンネル（花）、レモンタイム、
マリーゴールド、マロウブルー（葉）など

レモンバーム

Zitronenmelisse [Lemon balm]

心を落ち着かせてくれる、爽やかなレモンの香り

葉にも、初夏～夏に咲く白い小花の蜜にもレモンのような爽やかな香りがあります。その香りにミツバチが集まることから、ビーバームという別名も。繊細そうに見えて、こぼれ種でふえるほど生育旺盛です。

香りには鎮静効果があり、気持ちを落ち着かせたいときは、フレッシュハーブティーが手軽でおすすめ。ドイツでは、心を落ち着かせるために葉を入浴剤で使用したりします。ドライにすると香りが失われやすいため、身近に育てて新鮮な香りを満喫しましょう。

学名：*Melissa officinalis*

科名：シソ科

原産地：南ヨーロッパ

別名：メリッサ

性質：耐寒性多年草

草丈：30～80cm

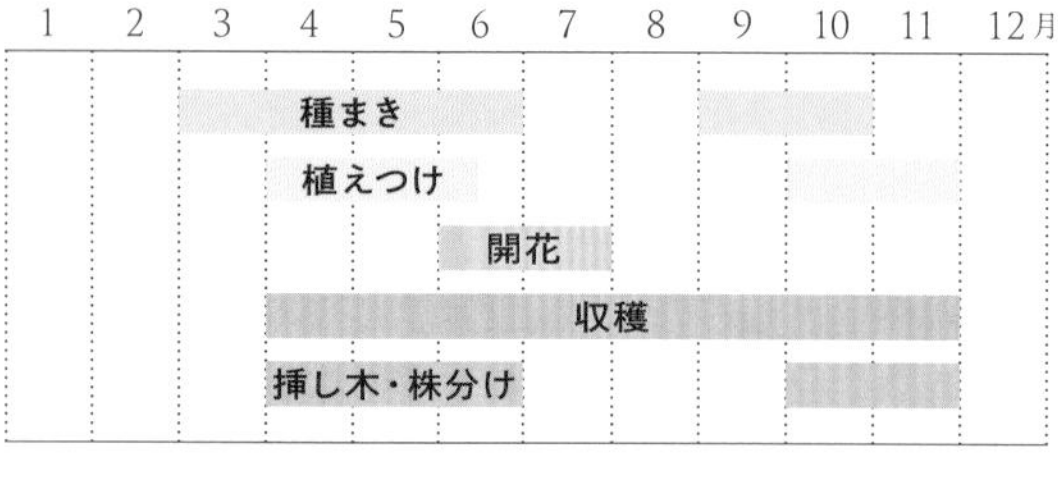

【育て方のポイント】

◎ 種まきと植えつけ

苗からでも種からでも容易に栽培できます。種は小さめなので、セルトレイやポットで育苗して植えつけます。生育旺盛なので、地植えする際は株間を十分に取って植えましょう。鉢植えの場合は、苗より2〜3回り大きなものを選びます。

◎ 育てやすい環境

日当たりと風通しのよい場所を好みますが、丈夫で生育旺盛なので半日陰でも育ちます。表土が乾いたら、たっぷりと水やりを。水が足りなかったり、強い直射日光にさらされると葉がかたくなります。

◎ 収穫

十分に葉が育ったら収穫開始。初夏に白い小花が咲きますが、開花すると葉の風味が落ちるので、開花前の6月ごろ、株の高さの半分ほどまで切り戻し収穫を。両脇から小さな新芽が出ている節の上で切るのがポイントです。ただし、花を収穫したい場合は、葉の収穫は上部6〜7枚のあたりでカットし、茎を成長させます。

収穫後、自然乾燥をさせたい場合は、洗わずに、茎の½ほどの下葉を取ってから束ねて、暗く乾燥している場所で逆さに吊るします。

葉の収穫。草丈10㎝くらいのわき芽のある節の上でカットする。

◎ その他の管理

株が大きく育ったら、株の高さの半分ほどまで切り戻しを。生育が旺盛な時期に行います。

冬に霜が降りると地上部は枯れますが、根茎は生きていて、春に再び芽吹きます。新芽が出たら、枯れ枝を地際から切ります。切り取った枝は、株元に敷くと乾燥予防のマルチングとなり土に還ります。

新芽が出てきたら株元で切り取る。

冬越しした地上部の枯れ枝。寒さよけとなり、株を助ける。

【収穫後の愉しみ方】

レモンのような香りのする葉を生かして、サラダやフルーツのマリネに。魚のオーブン焼きにも合います。また、レモンバームシロップやソースを作って、ゼリーやコンポートの風味づけやハーブティーなどを楽しむことができます。

沢山収穫できたら、フレッシュな葉を浴槽に浮かべてレモンバーム風呂に。ホッと心が落ち着き、1日の疲れが癒やされます。

・KOLUMNE・

フレッシュハーブはマルクト（市場）で

ベルリンのコルビッツ広場で毎週行われるオーガニック専門のマルクトには、近郊農家が栽培した旬の野菜や果物が並びます。フレッシュハーブなら、ディルやチャイブなどの定番から、バジルやセージの花やナスタチウムなどのエディブルフラワーまで、種類が豊富。買い物客は、生産者さんと会話しながら週末用の食材を持参のカゴに入れて購入します。地産地消や健康志向の高まりもあり、カフェやパン屋でも地域の野菜やハーブをたっぷりのせたプレートやパンが大人気。飲食店も仕入れに来るため、マルクトのハーブはさらに充実しています。

作り方

1 もち麦は袋の表記通りに茹でて、ザルにあげておく。

2 赤タマネギは粗みじん切りに、それ以外の野菜やチーズは7㎜角に切る。レモンバームは茎から葉を外し、半量を千切りに刻んでおく。

3 ボウルにドレッシングの材料を入れ、**2**の赤タマネギと刻んだレモンバームを加え、混ぜて冷蔵庫で30分ほど冷やし味をなじませる。

4 **3**に**1**と残りの材料を加えて混ぜる。残りのレモンバームの葉は手でちぎって加え、混ぜたら、皿に盛る。

材料（4人分）

- レモンバームの葉…2〜3茎分
- もち麦…150g
- 夏野菜（ズッキーニ、赤タマネギ、トマトなど）…適量
- チーズ…適量
- ツナ缶…1缶

ドレッシング

- オリーブ油…大さじ3
- リンゴ酢…大さじ11/2
- レモン汁…大さじ1
- マスタード…小さじ2
- はちみつ…小さじ1
- ニンニク（みじん切り）…1/2片
- 塩、胡椒…各少々

01

大麦と夏野菜のハーブサラダ

Rollgersten-Sommersalat mit Zitronenmelisse

ベルリンで人気のビーガン料理のカフェレストランで出合った夏野菜のサラダ。オリーブや魚介を加えたりして、お好みのアレンジでどうぞ。

レモンバームをベースにしたハーブティーを使ったゼリー。色鮮やかなエディブルフラワーを、押し花のように並べて。レモンバームには心を落ち着かせる効果もあるので気分も穏やかになりそう。

02

エディブルフラワーのゼリー

Zitronenmelisse-gelee mit Essbare Blüten

・MEMO・

使用したエディブルフラワーは、カレンドラ、ラベンダー、カモミール、レモンバーム。

作り方

1 小鍋に水を入れて加熱し、沸騰したらレモンバームなどハーブの葉を入れて火を止める。ふたをして10分ほど蒸らし（写真**a**）、濾す。

2 別の小鍋にアガーとグラニュー糖を入れてよく混ぜておく。

3 **2**に**1**を少しずつ加えて、泡立て器でかき混ぜながら溶かす。かき混ぜながら温めて沸騰したら、弱火で2分加熱する。透明になり、粗熱が取れたら、レモン汁を加えて混ぜる。

4 水にくぐらせたバットに、高さ2㎝ほどになるよう**3**のゼリー液を流し入れ、エディブルフラワーを散らす。残りのゼリー液も流し入れて、冷蔵庫で3時間以上冷やし固める。

材料（作りやすい分量）

・ハーブ（レモンバーム、アップルミント、カモミール、ラベンダーなど）…30g
・水…500㎖
・グラニュー糖…50g
・アガー…15g
・レモン汁…小さじ1
・エディブルフラワー（カモミールなど）…適量

※今回は15×20㎝のバット（550㎖）を使用

フェンネル

Fenchel［Fennel］

甘い香りを放ち、茎葉、花、鱗茎まですべて使い切る

学名：*Foeniculum vulgare*

科名：セリ科

原産地：地中海沿岸

別名：ウイキョウ

性質：耐寒性多年草

草丈：1～2m

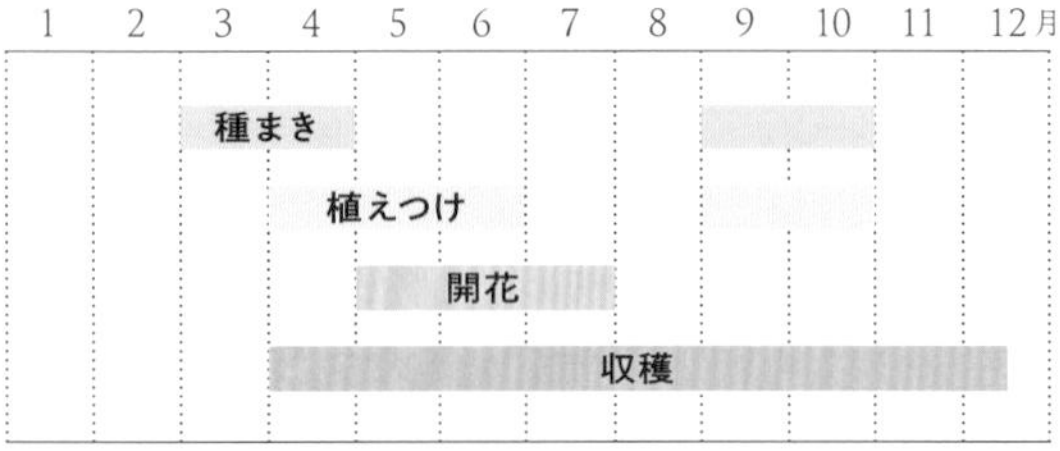

　葉は羽根のようにふわふわで、株全体が甘くスパイシーな香りです。魚料理と相性がよく、魚のハーブと呼ばれることも。主に葉茎や花を使うのはスイートフェンネルで、肥大化した鱗茎も食すのがフローレンスフェンネルです。イタリアではフィノッキオと呼ばれます（写真）。

　中世の修道院では、自然療法の母と言われたヒルデガルド・フォン・ビンゲンが健康的な薬用ハーブとしてフェンネルをすすめていました。栄養価も高いとされ、さまざまな効能のある自然療法に利用されてきた長い歴史があります。

【育て方のポイント】

◎ 種まきと植えつけ

移植を嫌うので、種を直まきするか、ポットで育てた苗を植えつけます。

種まきは1㎝ほどの深さの植え穴に、4～5粒を点まきし、薄く土で覆ってたっぷり水をかけます。発芽したら適宜間引きし、本葉が5～6枚になるまでに1本立ちにします。苗は、株が小さいうちに傷めないように植えます。株間は30～35㎝とりましょう。

ブロンズ色の葉が美しいブロンズフェンネル。緑葉の品種と同様に料理に使える。

◎ 育てやすい環境

日がよく当たり、風通しと水はけのよい場所で育てます。雑草と乾燥防止のために、株元にわらを敷くとよいでしょう。表土が乾いたらたっぷりと水やりを。

◎ 収穫

スイートフェンネルの葉は随時収穫できます。切るのは、葉の二股に分かれている節の少し上部分。上の葉がやわらかく、下の葉はかためです。初夏～夏に花が咲きますが、葉を楽しむなら早めに花を刈り取りましょう。花は料理に使ったり、飾ったりして楽しんで。

スイートフェンネルは背丈が高くなると倒れやすいので、支柱を立てて倒伏を防ぎます。

フローレンスフェンネルは、鱗茎部が3～4㎝幅に成長したら根元部分に土をかぶせます。鱗茎がこぶしほどの大きさに肥大したら、地際にハサミを入れ、株ごと切って収穫します。

フローレンスフェンネルの「スティッキオ」。やわらかい葉も利用できる（写真右）。鱗茎の収穫適期は、種まき後80日ほど。品種によって異なる（写真左）。

【収穫後の愉しみ方】

フェンネルの鱗茎は、セロリと同様にシチューや野菜スープなどに利用されます。薄切りにしてサラダにしても。魚や鶏肉、ニンジンやキュウリ、チーズなどによく合います。葉や花はピクルスに加えたり、花はサラダに散らしても。

ドイツでは、胃の不調を和らげたり、消化促進や風邪の症状を緩和してくれる家庭療法としてフェンネルの種のお茶が飲まれています。

• KOLUMNE •

ドイツの発酵食と保存瓶

ドイツでは昔から、冬の重要な栄養源として、野菜を乳酸発酵させたザワークラウトやピクルスとして保存してきました。保存瓶として人気のWECK製の瓶は、1900年にドイツで生まれました。戦時中の食料難の際に、保存食を供給する重要な役割を果たしていたそうです。私は保存食はもちろん、シロップやジャム、ドライのハーブを入れて使用しています。

作り方

1 フェンネルは芯を残して縦に切る（写真**a**）。

2 熱湯（塩入り）で8〜10分ほど、やわらかくなるまで茹でたら、水切りし、熱いうちにバターを絡める。

3 バターを塗った耐熱容器に**2**を並べ、胡椒を振る。ベシャメルソースをかけ、パルメザンチーズを振り、180℃に予熱したオーブンで10〜15分、焼き色がつくまで焼く。

材料（2人分）

・フェンネルの鱗茎
　…大きさにより1〜2個
・塩、胡椒…各少々
・パルメザンチーズ…大さじ2〜3
・ベシャメルソース…適量
・バター…大さじ1

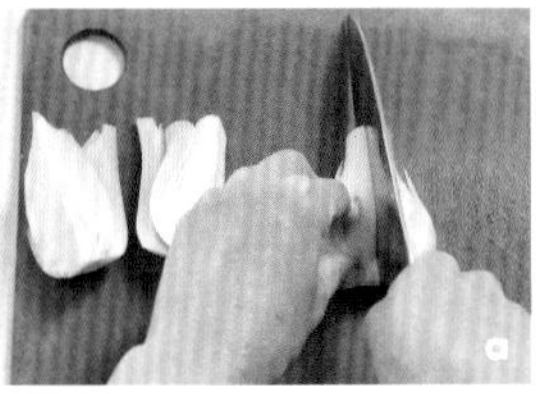

ドイツ人に食事に招待されるとオーブン焼きが振る舞われることが多い。それは数人分の料理を一度に作れるから。メインとしてもサイドディッシュとしても使える1品。

01

フェンネルの クリームグラタン

Gratinierter Fenchel

ベシャメルソースの作り方

材料（作りやすい分量）

・牛乳…2カップ
・バター…30g
・薄力粉…30g
・塩、胡椒…各少々
・ナツメグ…適量

作り方

1 鍋にバターを入れて弱火で熱し、ぷつぷつしてきたら小麦粉を振りかけるように入れて木べらで炒める。

2 粉っぽさがなくなったら、火を止めて、少しずつ牛乳を加えてのばす。

3 中火にかけて塩、胡椒で味を調え、弱火にして、ダマができないように混ぜながら、とろみがつくまで煮つめる。

低カロリーで栄養価の高いフェンネルとフルーツのサラダは、ダイエットやベジタリアンに人気。洋ナシやリンゴ、ブドウなどに置き換えたり、ヨーグルトやレモン汁、クルミなどでアレンジしても。

02

フェンネルと柑橘のサラダ

Fenchel-Salat mit Zitrusfrüchte

作り方

1 フェンネルを縦に薄くスライスする。

2 グレープフルーツは皮をむき、果肉を取り出す。チコリーは洗って水を切り、食べやすい大きさにちぎっておく。

3 帆立は横半分にカットし、塩を振り、10分ほど置き、水けを拭いたら、オリーブ油をひいたフライパンで両面を軽く焼く。

4 ドレッシングを作る。オリーブ油とグレープフルーツ汁以外を混ぜ合わせ、少しずつオリーブ油を加えて乳化させる。グレープフルーツ汁を加えてよく混ぜる。

5 **4**に**1**～**3**を加えて和える。器に材料を盛り付け、あればフェンネルの葉を散らす。

材料（2～3人分）

・フェンネルの鱗茎
…1～2個
・チコリー…1/4個
・グレープフルーツ…1個
・帆立…6個
・塩…少々
・オリーブ油…少々

ドレッシング
・白ワインビネガー
…大さじ1
・マスタード…小さじ1/2
・はちみつ…小さじ1/2
・オリーブ油…大さじ2
・塩…少々
・グレープフルーツ汁
…大さじ2

レモングラス

Zitronengras [Lemongrass]

日本の夏が大好きな
レモンが香る、大型ハーブ

ススキに似た細長い葉は頑丈で、レモンと同じ精油成分シトラールを含むため、葉は爽やかなレモンの香りがします。葉より株元の白いほうが強く香り、食べられる部分なので潰したり、刻んだりして料理に使います。上部の葉は他のハーブとミックスしてハーブティーなどに。ドイツでは、集中力の促進や風邪予防に効果があるとしてお茶で利用されます。

高温多湿な日本の夏が大好きで、夏に大きく成長します。大量に収穫したら、葉はドライにしておくと便利です。

学名：*Cymbopogon citratus*

科名：イネ科

原産地：インド

別名：レモンガヤ

性質：非耐寒性多年草

草丈：80～120cm

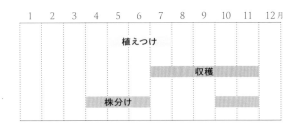

1	2	3	4	5	6	7	8	9	10	11	12月
					植えつけ						
								収穫			
				株分け							

【育て方のポイント】

◎植えつけ

市販の苗を植えつけます。大株に育つため、地植えがおすすめ。株間は60㎝ほどとります。鉢植えなら、深さのある大きな鉢（目安は10号）を選びます。寒さに弱いため、遅霜の心配がなくなる5月が植えつけ適期。

◎育てやすい環境

丈夫で育てやすいです。日当たりがよく、肥沃で保水性のある場所を好み、夏の日差しを浴びて大きく成長します。表土が乾いたら、たっぷりと水やりを。水不足になると、葉が細くなり、葉先が枯れることも。

◎収穫

茎が太くなり、葉が15枚以上になったら収穫をスタートできます。6月ごろ、茂ってきたら根元から10～15㎝残して切り取って収穫します。葉で手を切らないよう、気をつけて。

生育旺盛なので、すぐに新芽が伸びて増える。

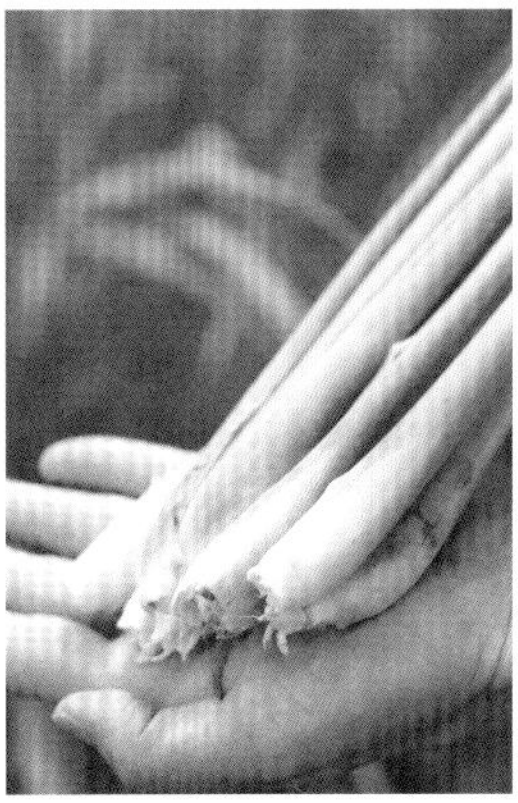

根元の白い芯の部分から収穫する際は、根元を持ってねじるか、ハサミで切るとよい。

◎その他の管理

寒さが苦手なので、気温が低下する晩秋、株元で切り戻して鉢に植えて、鉢ごと室内に入れるか、軒下に置くなどして、少しでも温かい場所に置いて冬越しします。そして翌年の初夏に植えつけます。そのタイミングで3～4本に株分けしてふやして植えても。

地植えの場合、葉の部分をひもで結び、根元から10㎝ほどのところを切る（写真右）。株を掘り上げ、鉢に植えつけて翌春まで温かい場所に。水やりは控えめに（写真左）。

【収穫後の愉しみ方】

清々しいさっぱりとした香りのレモングラスと、レモンバームやスペアミントを組み合わせると、夏にぴったりのハーブティーブレンドに。アジア料理によく使われ、スープやサラダ、魚料理や魚介のカレーなどに合います。また、デザートにも使用されます。

レモングラス適量をウォッカに浸けて、精製水で5倍に薄めると香りのよいルームスプレーになります。虫よけ効果も期待できます。

• KOLUMNE •

ドイツとベトナム料理

ドイツ・ベルリンには、ベトナム人も多く住むため、ベトナム料理店やアジア食品のスーパーが沢山あります。レモングラスなどのハーブの品揃えも充実しており、アジアの雰囲気や本場料理を味わうことができます。ベトナム料理は野菜や豆腐を多く使うので、菜食志向の強いドイツ人にも好まれ、フォーはベルリンのおいしいものの上位に入るほど。

作り方

1 レモングラスの下準備をする。根元の白い芯を4～5㎝長さの斜め切りにして、麺棒で中の繊維が見えるくらいまで叩く（写真**a**）。

2 鍋に水を沸騰させて、レモングラスとショウガ、ニンニクを入れて、水が色づくまで煮る。1～2分お湯に浸けて霜降りした鶏もも肉を入れ、弱火で20分茹でる。

3 2 からスープのだしが出たら、スープを濾し、塩で味付けする。

4 3で取り出した鶏もも肉を薄切りにする。

5 フォーを袋の表記通りに茹でる。茹で上がったら冷水で洗い、臭みとぬめりを取る。その後、熱湯をかけて温めておく。

6 器にフォーと鶏もも肉を盛り、スープをかけてニョクナムをかける。仕上げにミントやパクチーなどをのせ、サテやニンニク酢、ライムを添える。

材料（2人分）

- レモングラスの根茎…4～5本
- 水…1ℓ
- ショウガ*1（スライス）…1片
- ニンニク（皮ごとつぶす）…1片
- 鶏もも肉…300g
- 塩…少々
- フォー*2…2人分
- ニョクナム（ナンプラー）…適量
- ミント、パクチー、スライスタマネギ（仕上げ用）…各適量

*1 あればパクチーの根でもよい
*2 米粉ヌードルでも可

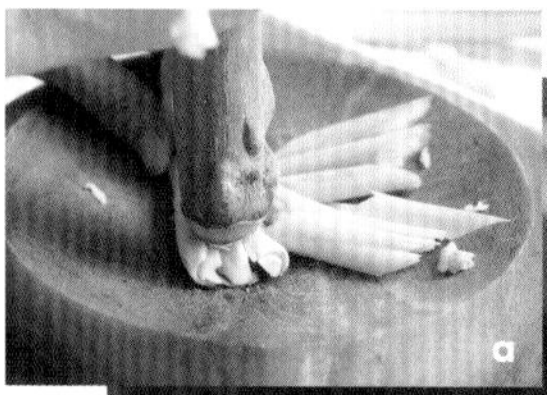

a

ベルリンのビジネス街のフォーのお店にランチ時に入ると、スーツ姿のドイツ人でいっぱい。フォーはもちろん、ハーブたっぷりの生春巻きも人気メニュー。

01

鶏肉とレモングラスのフォー

Vietnamesische Phở-Suppe mit Zitronengras

02

レモングラスのサテ

Sa Tế (vietnamesische sate sauce mit Zitronengras)

作り方

1 レモングラスの皮をむき、みじん切りにする。一味唐辛子と油以外の材料もみじん切りにする。
2 フライパンになたね油を180℃に熱して、**1**を入れて低温できつね色になるまで炒める。
3 **2**に一味唐辛子を加え、保存容器に入れ、ひと晩置く。

材料（作りやすい分量）

・レモングラスの根茎…4本
・ショウガ…1片
・ニンニク…1片
・赤タマネギ…1/8個
・干しエビ（水で戻しておく）…5g
・一味唐辛子…小さじ2
・なたね油…100g

ベトナム版食べるラー油のサテ・トム風に。辛味控え目なので、加えると麺類やスープにコクが出る。パクチーサラダやチャーハン、肉の下味や餃子のたれ、鍋物にも合う。

03

レモングラスのグラニテ

Zitronengras Granita

材料（作りやすい分量）

・レモングラスの葉*…3本
・水…500mℓ
・グラニュー糖…50g
・ライム果汁…1個分
・ライムのゼスト（皮のすりおろし）…1個分
*生でもドライでもOK

作り方

1 小鍋に、4～5㎝に切ったレモングラス、水、グラニュー糖を入れ、中火にかけて沸騰させたら火を止め、砂糖が溶けるまで4～5分蒸らす。
2 冷めたらレモングラスを取り出し、ライム果汁とゼストを加えて混ぜて、ステンレスのボウルに入れて凍らせる。1時間おきに5回ほどかき混ぜるとふわふわになる。5時間ほどで完成。
3 フォークで表面をひっかくように削り、凍らせたグラスにこんもりと盛り付ける。仕上げに薄く削ったライムの皮（分量外）と、あればミントやセイボリーの花をのせる。

グラニテはシチリア発祥。ドイツ人のウアラウプ（長期休暇）の行先でシチリア島は人気なので親しみがある夏のデザート。

チャイブ

Schnittlauch [Chives]

穏やかな香りと風味で おいしさ引き立つ万能薬味

ヒガンバナ科ネギ属でネギの仲間ですが、ネギより香りはマイルドで、卵や魚、肉料理に合います。葉は切って収穫することで、次々と新しい葉を伸ばします。春から初夏に咲く淡い紫色の花は、蜜が含まれていて甘く、おいしく食べられます。サラダやサンドイッチなどの彩りにもぴったり。

ドイツでは中世から栽培され、料理に役立つハーブとしてキッチンの明るい窓辺に置かれています。ドイツ料理のBratkartoffeln（ジャーマンポテト）の仕上げにも。日本の万能ねぎと同じように使えます。

学名：*Allium schoenoprasum*

科名：ヒガンバナ科

原産地：アジア、ヨーロッパ

別名：シブレット

性質：耐寒性多年草

草丈：20〜40㎝

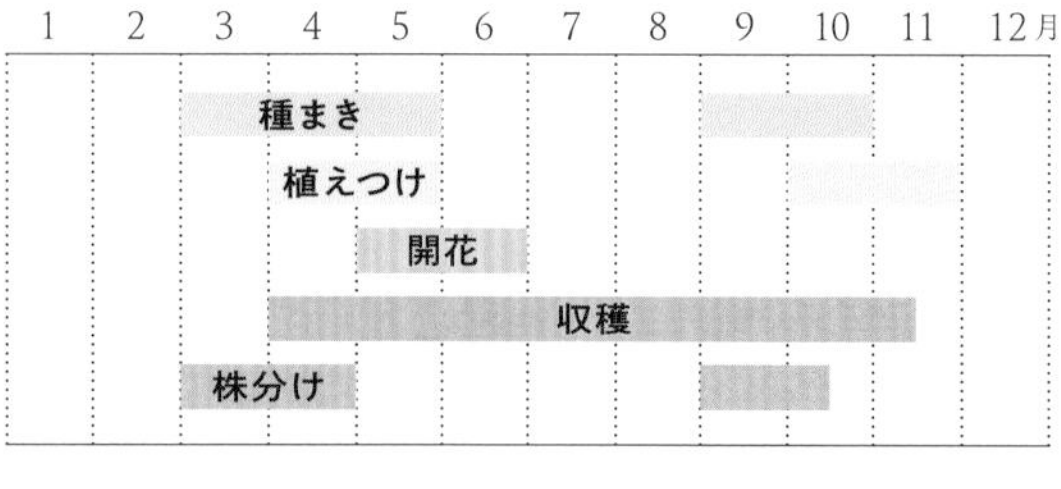

【育て方のポイント】

◎種まきと植えつけ

市販の苗は、取り出して根が回っていたらほぐします。1本だと倒れやすいので、細い苗なら5～6本まとめて植えつけると生育がよくなります。種からの場合は、セルトレイに4～5粒まいて、間引かずに育て、草丈8～10㎝になったら植えつけます。

トマトやレタスなどと混植すると、野菜の生育を促進させ、風味をよくする効果があります。

◎育てやすい環境

肥沃で水はけと水もちがよい土を好みます。日なた～半日陰で育ちますが、強い西日の当たる場所は避けましょう。

水は表土が乾いたら与えます。乾燥に弱いため、水切れすると葉が折れます。冬には地上部が枯れますが根は生きており、翌春に芽吹きます。鉢植えは冬の間も水やりを忘れずに。

チャイブの花。種まきした翌年の春から、華やかな紫紅色の小花を沢山咲かせる。

◎収穫

葉の長さが20㎝ほどに育ったら、収穫の目安。地際から2～3㎝を残して刈り取ります。切ったところから新芽が伸びるため、何度でも収穫できます。花が咲くと葉はかたくなるので、つぼみは摘み取って。ただし、つぼみも花も食用となるので、花を楽しむ用に株を育てても。

根元を2～3㎝残し、数本まとめてハサミで切ると一度に生え揃う。

◎その他の管理

大株に育つため、鉢植えなら毎年、地植えなら2～3年に一度株分けして植え替えましょう。適期は春と秋です。

掘り上げた株は、5～6本でひとまとめになるよう、根鉢を両手で持って優しく割る。

【収穫後の愉しみ方】

小口切りにして、バターやクリームチーズと混ぜて、パンやクラッカーに塗るスプレッドに。また、ポテトサラダ、茹で卵やスープ、魚料理にも合います。小口切りにしたものを冷凍保存しておいてもよいでしょう。

花は細かく刻んでハーブ塩を仕込んでも。乾燥させたチャイブの花と塩を1：2の比率で混ぜるだけ。味付けや彩りに利用でき、華やかな色味が料理を引き立てます。

• KOLUMNE •

ハーブ塩づくり

ハーブの手仕事は、自然の中で時の流れに身をまかせることが大事だとドイツ人の友人に教わりました。ハーブ塩は乾燥ハーブと塩をすり鉢でゆっくり混ぜ合わせることで、サラサラで色鮮やかに仕上がります。ハーブの香りを感じながら、心を集中させて、自然の音を聞きながらゴリゴリゴリとゆっくりと混ぜる。素敵な瞑想の時間でもあります。

作り方

1 室温に戻したクリームチーズに、水切りしたヨーグルトを加えて混ぜる。

2 すべての材料を混ぜて冷蔵庫で味をなじませる。軽くトーストしたパンに塗る。飾りのチャイブ（分量外）を飾る。スモークサーモンやアボカドなどをのせても。

材料（作りやすい量）

・クリームチーズ…100g
・水切りヨーグルト（p.26参照）…50g
・レモン果汁…小さじ1
・チャイブ（小口切り）…大さじ1
・塩、胡椒…各少々
・すりおろしニンニク…1/2片

01

チャイブとフレッシュクリームチーズのオープンサンド

Schnittlauch-Aufstrich

天然酵母の酸っぱめのドイツパンと好相性。家庭ごとにオリジナルのレシピとアレンジがあり、2〜3種類が並ぶ。カフェメニューでもオープンサンドは定番。

シュヴァーベン地方の郷土料理。具材はひき肉とホウレンソウ、タマネギ、そして仕上げはチャイブを。今回はホウレンソウの代わりにズッキーニを使用。

02

マウルタッシェン（スープ餃子風）

Maultaschensuppe

材料（2〜3人分）

詰め物
- ・豚ひき肉…200g
- ・タマネギ…2/3個
- ・卵…1個
- ・ズッキーニ（5㎜角切り）…1/3本
- ・ニンニク…1片
- ・塩、胡椒…各少々
- ・牛乳…20㎖
- ・パン粉…20g

生地
- ・薄力粉…200g
- ・卵…2個
- ・塩…小さじ1
- ・オリーブ油…大さじ1
- ・水…大さじ2

・薄力粉（打ち粉用）…適量
・塩…少々
・コンソメスープ…1ℓ
・チャイブの花と葉（仕上げ用）…適量

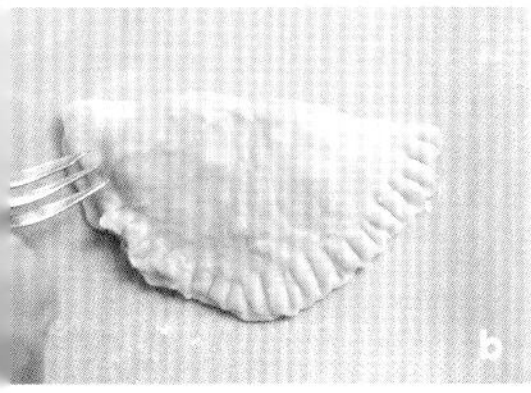

作り方

1 生地を作る。ボウルに薄力粉を入れ、真ん中にくぼみを作る。くぼみに溶き卵、塩、オリーブ油、水を加えてフォークなどで混ぜ、薄力粉を少しずつ合わせていく。かたまりになったら作業台の上で両手で捏ねて、なめらかな生地を作り、ラップで覆って30分ほど寝かす。

2 詰め物を作る。パン粉を牛乳に浸しておく。みじん切りしたタマネギとニンニクを炒めて冷やす。ボウルにすべての材料を入れて混ぜる。

3 打ち粉をしてから生地を置き、8等分し、麺棒で丸く伸ばす。生地の半分に詰め物をのせて包み、閉じ口をフォークなどで押さえて留める（写真**a**、**b**）。

4 沸騰した湯に塩を加え、お湯がぐつぐつしない程度の弱火で、マウルタッシェンが浮き上がるまで15分ほど茹でて、皿に盛る。

5 コンソメスープを温めて、塩で味を調え、**4**に注ぐ。小口切りしたチャイブとガクから外した花を散らす。

マルサノの自社農園の一角のハーブ畑。季節は7月。カタリンが丁寧に育てているハーブについて説明してくれた。

・KOLUMNE・

ドイツのハーブ畑にて

私がドイツのベルリンで約7年間働いた花屋「Blumen Marsano」（以下、マルサノ）は、ミッテ地区の中心地にあります。切り花の小売りや花束だけでなく、一流ホテルや有名レストラン、ベルリン映画祭やファッションウィークなどの会場装花を手掛け、洗練されたフラワーデザインがベルリーナに支持されています。

　そんな人気店ですが、10年ほど前から持続可能な取り組みを実践し、２０１９年よりベルリン近郊で自社農園を始めました。球根花から一年草、多年草、ハーブなどを不耕起、無農薬栽培で育て、市場では入手できない希少な品種などを栽培しています。農園管理を任されている3人のオーナーのひとりKatrin（カタリン）は、何よりも農園での作業は癒される時間だと話します。お客さんも一年中出回る花よりも、季節感のある地元の花を楽しみにしていると言います。無農薬で栽培しているため、沢山収穫できた花（食べられる品種）は、ドライハーブティーに加工したり、自分たちのランチサラダの彩りに添えたりしているとか。自分たちで育てた花を束ねることは、花の旬を意識し、収穫に感謝し、植物により愛情を持つことによって、より大切に花を扱うことにつながっているとも教えてくれました。

　私が勤務していた頃はまだ農園はありませんでしたが、時を経て、ドイツと日本でそれぞれが農園を始めたことに驚きもあれば、必然的な流れだったようにも感じます。「マルサノ」のマインドが、私が農園を始める力になったのかも…と不思議な縁を感じています。

　昨年、帰国後初めてドイツに里帰りして「マルサノ」ファームを訪問しました。露地や自然に生育している草花やハーブは力強く、色合いにも植物本来の美しさを実感しました。何よりもその花を摘んで収穫しながら束ねた花束の美しいこと。香りの素晴らしいこと。インスピレーションがどんどん湧き上がるような感覚がありました。

　ドイツでフローリストとして花屋で働いたこと。それは、ドイツの文化や習慣、そして植物との関わり方を知るよい機会だったと今改めて感じています。

ハーブの苗。セルトレイに種をまき、育苗して植えつける(写真右)。農園の土。不耕起、無農薬栽培を行う(写真中)。その時期に咲く花を収穫し、店先に並べる。栽培の作業は癒しの時間だという(写真左)。

Information

Blumen Marsano
マルサノ・ベルリン

https://marsano-berlin.de/
https://www.instagram.com/marsanoberlin/

ジンジャー

Ingwer [Ginger]

特有の辛みと芳香は
体を温めて風邪の予防にも

学名：*Zingiber officinale*

科名：ショウガ科

原産地：熱帯アジア

別名：ショウガ、ハジカミ

性質：非耐寒性多年草

草丈：60～90cm

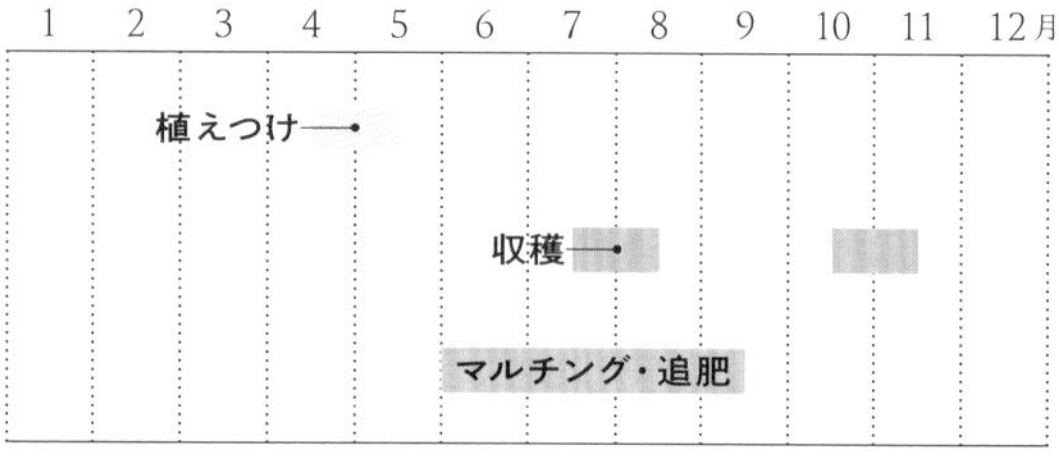

日本で古くから香辛料や薬として活用されてきました。独特の辛みと香りに殺菌や消臭効果があり、食欲を増進して体を温めてもくれます。肥大化した根茎を収穫しますが、8月ごろに葉付きで若い根茎を収穫するのが葉ショウガ、霜が降りる前に収穫するのが根ショウガ。時期によって違う味わいが楽しめます。連作を嫌うため、同じ場所で育てるなら、4~5年あけて栽培するとよいでしょう。

ドイツでも薬用植物として利用されたり、料理やお菓子にと幅広く使われます。

【育て方のポイント】

◎植えつけ

小生姜の「三州」「金時」「谷中」などの在来種の種ショウガを購入します。排水が悪いと腐るので高さ15～20cmの高畝にして、深さ10cmほどの溝を掘り、種ショウガの芽を上にして約15cm間隔で置きます。土をかぶせて平らにならし、たっぷりと水やりを。植えつけ適期は、遅霜の心配がなくなる5月です。

本葉が展開し始めたら、生育をみて、6～7月に2回ほど株元に有機肥料を施し、よく耕します。その後、土寄せを行い、土の通気性と根の発達を促進させます。

移植ごては大体全長30㎝。種ショウガが大きければ、1片50ｇで3～4個の芽がつくように折る。

発芽は植えつけから約30日後。発芽まで水やりは不要。

◎育てやすい環境

肥沃で保水力のある土で、高温多湿を好みますが、強い日差しは苦手。半日陰程度の場所を選びます。鉢植えの場合、表土が乾いたらたっぷりと水やりを。地植えの場合は、1週間以上雨が降らなければ水やりの目安。とくに気温が高く、乾きやすい夏は水切れに気をつけて。乾燥を防ぐため、株元にわらを敷いたり、遮光ネットで直射日光から守ります。

◎収穫

8月、葉が6～8枚以上に育ったら、混んでいるところの間引きを兼ねて、根元の茎を手でしっかり押さえ、株全体を土から引き抜くと葉ショウガの収穫に。10月頃から初霜がおりる頃まで、葉が黄色く枯れてきたら、根ショウガの収穫の合図。新生姜の下についている種ショウガも薬味として利用できます。

収穫後、根ショウガは茎を切り取り、乾かないよう新聞紙に包んで保存します。

根ショウガの収穫時期の株。株元を持って引き抜く。

【収穫後の愉しみ方】

頭痛や風邪の症状に効果的と言われています。砂糖漬けは船酔い効果があるとも。中世のころから香辛料としてビールの風味付けに使用されたり、クリスマスのLebkuchen（レープクーヘン）など焼き菓子にも利用されてきました。生のものは冬の健康を守るためにIngwertee（ジンジャーティー）として飲まれています。

新生姜は甘酢漬けや天ぷらにするなど、さまざまな料理に使えます。

• KOLUMNE •

ドイツのカフェとジンジャー

冬場のドイツのカフェでは、フレッシュジンジャーティーが人気。スライスした皮付きジンジャーとペパーミント、レモンがこんもり入ったグラスにお湯を注ぐだけ。体を温め、風邪や喉によさそうな素材が勢ぞろい。カップソーサーでふたをして「4～5分待って飲んで！」と言われます。はちみつや砂糖はお好みで。お茶がなくなるとお湯をつぎ足してくれます。

生姜入りのスパイシーなスープ。健康的なポタージュスープとして冬の寒い時期や風邪をひきそうな時によく飲まれる。ドイツの花屋で働いていた頃、クリスマスで忙しい冬のお昼など、鍋ごと持ち込まれ、みんなで飲んで温まった。

01

ジンジャーとカボチャのスープ

Kürbissuppe mit Ingwer

作り方

1 カボチャのワタと種を取り出し、皮を剥き、適当な大きさにカットする。タマネギは薄くスライス、ニンニクはみじん切り、ジンジャーは皮ごと薄くスライスする。

2 鍋にバターを入れ、タマネギ、ニンニク、ジンジャーを入れ、弱火でタマネギがしんなりするまで炒めたら、カボチャを加えて軽く炒める。

3 カボチャが浸るくらいまで水を加え、ふたをしてカボチャがやわらかくなるまで弱火で煮込む。

4 **3**をブレンダーでポタージュ状にして、ザルなどで濾し、好みのなめらかさになるように牛乳を加え、沸騰させない程度に温める。シナモンパウダーと塩で味を調える。

材料（2〜3人分）

・カボチャ…500g
・タマネギ…1/2個
・ニンニク…1片
・ジンジャー…1片
・バター…15g
・水…適量
・牛乳…適量
・シナモンパウダー＊…適量
・塩…少々

＊カレーパウダーでもOK

02

ジンジャークッキー

Weihnachtsplätzchen : Ingwersterne

材料（作りやすい分量）

・薄力粉…200g
・無塩バター…100g
・砂糖…80g
・塩…ひとつまみ
・はちみつ…大さじ2
・卵…1個
・ジンジャー（すりおろし）
…大さじ1
・シナモン、ナツメグパウダー
…各小さじ1
・薄力粉（打ち粉用）…適量

作り方

1 泡立て器でクリーム状にしたバターに、砂糖と塩を加えて混ぜ、はちみつを加える。
2 ほぐした卵を2回に分けて混ぜながら入れ、白くなるまで混ぜる。
3 ジンジャー、シナモン、ナツメグパウダー、薄力粉を加え混ぜる。生地を3時間以上冷蔵庫で冷やす。
4 打ち粉をした台で生地を3〜4㎜の厚さに伸ばし、冷蔵庫で冷やす。
5 生地が冷えたら、抜き型で抜き、170℃に予熱したオーブンで焼き色がつくまで15分ほど焼く。お好みでアイシングでデコレーションしてもよい。

03

ミントとレモン入りジンジャーティー

Ingwer-Zitrone-Minz-Tee

材料（1杯分）

・ジンジャー（スライス）
…1片
・ミントの葉…5〜6枚
・レモン（スライス）
…2枚
・はちみつ…適量

作り方

耐熱のガラスコップにはちみつ以外の材料を入れてお湯を注ぐ。ふたをして、7〜8分蒸らす。はちみつをお好みで入れる。

ドイツではアドベント期間にスパイスやはちみつ、バニラなどで香りづけしたクッキーやレープクーヘンなど日持ちする甘いお菓子を焼く。ジンジャーティーは、風邪の予防として、健康志向のドイツ人に人気のお茶。

ローズマリー

Rosmarin [Rosemary]

爽快な香りは脳に働きかけ、リフレッシュ効果も

松葉のような細い葉は常緑で、すっきりとした力強い香りがあり、記憶力を高めるハーブとか、若返りのハーブと言われています。殺菌や消臭効果も高く、肉や魚の下ごしらえにも重宝。ニンニクと一緒にオリーブ油に漬けておくと便利です。料理、美容、芳香剤、薬用など、使い道は幅広く、ひと株あると役立ちます。

枝が直立する立ち性と、這うように広がる匍匐性、その中間の半匍匐性の3つの性質があり、花色もさまざま。荒れ地でも育つため、肥料はごく控えめで十分です。

学名：*Rosmarinus officinalis*

科名：シソ科

原産地：地中海沿岸

別名：マンネンロウ

性質：耐寒性常緑低木

樹高：30〜180cm

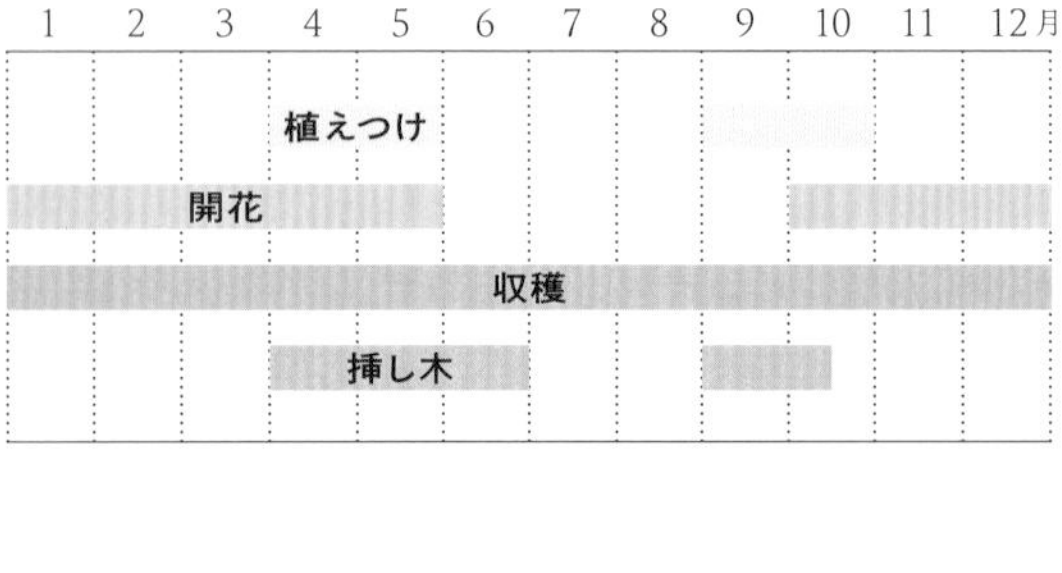

【育て方のポイント】

◎植えつけ

市販の苗を準備します。苗は下葉が枯れたものを避けて選びます。苗よりひと回り大きな鉢に、根を軽く崩して植えつけ、中央の枝を半分の長さで切ると、枝分かれして形よく育ちます。地植えの場合は、根が地中深く入っていくため、植え場所に腐葉土などを混ぜて排水性を高め、高畝にして植えます。

秋から冬にかけて、株の周りに有機肥料などをまき、土壌微生物の種類を増やします。

花の開花は、秋から翌春にかけて。花色は、薄い紫のほか、白、淡青、ピンクなどがある。

◎育てやすい環境

日当たりと水はけ、風通しのよい場所で育てます。表土が乾いたらたっぷり水やりしますが、乾きぎみを好むので過湿に気をつけて。水のやりすぎは蒸れの原因にも。

レタスやケールの近くに混植すると、独特の香りでモンシロチョウやコナガなどを追い払います。

◎収穫

収穫はいつでもＯＫ。冬場は生育が遅いので、控えめに収穫します。株が小さいうちは若葉を摘み、こんもりとした樹形に整えて。大きく育ったら、伸びすぎや混み合う枝、下向きや細い枝などを切って収穫します。

暑くて蒸れる時期（７〜９月）は風通しが悪いと、葉が黒くなったり、枯れたりするので、混み合ったり枯れた枝を、収穫を兼ねて切ります。ただし夏は、一度に切りすぎると枯れる恐れも。

乾燥させる場合は、光や日光が多すぎると香りやオイル成分が失われやすくなるので、風通しのよい、暖かい日陰の場所に干します。

葉が下に5㎝ほどあり、わき芽が出てくる節のところで切る。そのわき芽がすぐに伸びてくる。

◎その他の管理

株が成長したときに、枝を伸ばし放題にすると、樹形が悪くなり、幹が老朽化して新芽の勢いが鈍ります。新芽が動く春先や梅雨前にばっさりと切り戻してもよいでしょう。

【収穫後の愉しみ方】

ジャガイモ料理によく合います。トマトのラタトゥイユや豆のシチューなどの煮込み料理、鶏肉のマリネ漬け、肉や魚のグリル焼きに枝ごと入れたりも。ジントニックなどのカクテルなどにも使用します。

ドイツではOxymele（はちみつ酢）という家庭薬をつくり、風邪の予防や免疫強化、片頭痛の緩和などに利用しています。

• KOLUMNE •

ドイツとローズマリー

中世の頃からキッチンや家庭薬用の万能ハーブとして栽培されてきたローズマリー。地中海に憧れをもつドイツ人にとって、庭やテラスにいながら地中海気分をもたらしてくれるローズマリーは、庭に欠かせない植物にもなっています。心と体、そしてライフスタイルをも満たしてくれるハーブでもあります。

Rosmarinkartoffelnはドイツの定番料理。Kartoffelnとはジャガイモのことで、ローズマリーとジャガイモの相性が抜群。花屋で働いていた頃、私が大好物なのを知っていた上司が、何度も焼いてくれた懐かしい味でもある。

01

ローズマリー・カルトフェルン

Rosmarinkartoffeln aus dem Ofen

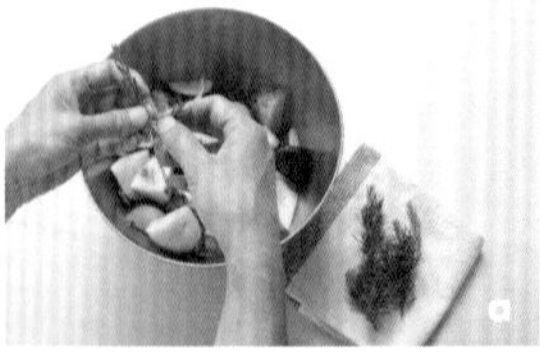

作り方

1 ジャガイモは皮つきのままひと口大より大きめに切り、ボウルに入れる。ローズマリーの葉をちぎり入れ（写真**a**）、1片ごとにばらした皮付きニンニク、オリーブ油を加えて混ぜ込む。

2 **1**を天板に平らになるように並べ、全体に塩を振りかける。具材を移したボウルにローズマリーの枝を入れて、残っていたオリーブ油などの旨みをこそげ取り、天板にのせる。180～200℃のオーブンで20～30分焼く。焼き色が付くまで、様子を見ながら時間を追加する。

材料（2～3人分）

・ジャガイモ…4～5個
・ローズマリーの葉…2～3枝
・ニンニク…3～4片
・オリーブ油…大さじ2～3
・粗塩…適量

・MEMO・

オーブンを度々開けることで湿気が抜けて、カリカリとしたジャガイモに。

作り方

1 ボウルに、**A**を入れてよく混ぜる。中心をへこませる。ぬるま湯（30℃）にオリーブ油を混ぜておき、中心のへこみに注ぐ。ヘラで切り混ぜ全体をなじませながら捏ねる。生地がまとまったらラップをかけ、一次発酵させる（約45分）。

2 1回めのパンチをする。水にぬらしたヘラで、生地を横から真ん中に7回ほど折っていき、ひっくり返す。生地を底に入れ込み、ガスを抜いて表面をなめらかに張らせる。ラップをかけ二次発酵（30℃／30分）。

3 2回めのパンチをする。水をつけた手で、外側から内側に生地を入れ込む。これを繰り返し、表面をしっとり、ぷるぷるにさせる。ラップをかけて三次発酵（30℃／20分）。

4 生地を取りやすくするためにボウルの縁にオリーブ油（分量外）をかけ、オーブンシートを敷いた耐熱皿の上に生地を移し、耐熱皿全体に広がるように生地を引っ張る。

5 ラップをかけて最終発酵をする（30℃／30分）。

6 **5**に黒オリーブとお好みでローズマリーの葉を散らし、ハーブオイルを表面に塗り、指を生地に押し込むように均等に穴をあける（写真**a**）。粗塩を振り、250℃のオーブンで20分ほど焼く（写真**b**）。

材料
（約20×25㎝の耐熱皿1枚分）

生地

A
- ・強力粉…180g
- ・ドライイースト…1g
- ・砂糖…5g
- ・塩…2.7g

- ・ぬるま湯（30℃）…150cc
- ・オリーブ油…10 g
- ・黒オリーブ（粗刻み）…適量
- ・ローズマリーの葉…適量
- ・ハーブオイル（p.28参照）…大さじ3〜4
- ・粗塩…適量

02

ローズマリーと色々ハーブのフォカッチャ

Mediterrane Kräuter-Focaccia

ベルリンにあるフォカッチャ専門店「La Foccacceria」の数あるトッピングの中でもローズマリーと黒オリーブは定番人気。焼きたてを長方形にカットしたフォカッチャに、ローズマリー&ガーリックオイルを追いがけする。

エディブルフラワー

生花を摘み取り、サラダに散らしたり、ティーにしたり。
主に花を楽しむハーブを紹介します。

ジャーマンカモミール

Echte Kamille [Chamomile]

◎特徴

キク科・耐寒性。ハーブティーなどに利用するのは一年草のジャーマン種。青リンゴのような甘い香りがします。ティーは妊娠中も出産後も飲めて、気持ちを落ち着かせてくれ、胃腸の働きを高め、免疫向上の作用もあります。

◎育て方のポイント

秋まきが大株になるのでおすすめ。本格的な冬の前に根をしっかり張らせておくことが大事。春（3～4月）に種まきも可能ですが、開花時期が夏の暑さに重なるので花が少なめ。

秋まきは、冬を乗り越えて初夏に開花。花の収穫を繰り返すと、より長く楽しめます。風通しがよいとアブラムシがつきにくいです。こぼれ種でどんどんふえます。

◎愉しみ方

花の真ん中が盛り上がったら摘み取り適期。花首から摘み取ります。朝露が乾いた頃、午前中に収穫。花はケーキやクッキーの生地に混ぜて焼いたり、花びらを丁寧に外してカップケーキやデザートやスープにトッピングしても。

グラスに10～15輪入れて、熱湯２５０㎖を注ぎ、ふたをして10～15分蒸らせばカモミールティーに。花は乾燥させたり、枝ごと収穫して花瓶に生けて飾っても。つぼみもきれいに咲きます。

マリーゴールド

Tagetes [Marigold]

◎特徴

キク科・半耐寒性一年草。八重咲きもあります。根に線虫除けの効果があり、ナス科野菜のコンパニオンプランツ（共栄作物）として使われます。観賞用の園芸品種も多く、食用にするなら種や苗の購入時に注意。エディブルフラワー用の有機種子や苗を購入して育てます。

ちなみに、マリーゴールドとカレンドラは学名も属名も違いますが、元々〝マリーゴールド〟と呼ばれたのは、カレンドラが先と言われています。どちらも食用の品種があります。

◎育て方のポイント

春（3～5月）に種まきをします。夏季に咲き続き、霜に当たると枯れます。日当たりのよい水はけのよい場所で、日に当ててゆっくり育てると株が引き締まり、花期が長くなります。開花期に摘芯して枝数を増やし、花を随時収穫すると長く楽しめます。

◎**愉しみ方**

春菊のような風味があります。ピクルスにしたり、乾燥させてフラワーソルトにしたり。花びらを食用にする際は使う直前に、花芯部から花びらを丁寧にとり外した鮮度のよいものを使いましょう。

ボリジ
Borretsch [Borage]

◎**特徴**

ムラサキ科・耐寒性一〜二年草。うつむきがちに咲く青い星形の花は愛らしい。白色の花もあります。草丈は60〜80㎝と高く、存在感があります。キュウリに似た香りと味わいがあり、食感がシャキシャキしています。

◎**育て方のポイント**

秋（冷涼地は春）に種まきし、乾燥気味に育てるとよいです。１m近い大株になるので、株と株の間隔は50㎝ほど取るとよいでしょう。また、茎がやわらかく空洞なので、茎が倒れないように支柱を立てます。開花期は4月〜7月。こぼれ種でもふえます。

◎**愉しみ方**

乾燥すると風味がなくなるので生花を使用。砂糖漬けした花はお菓子のデコレーションなどに。花のガクを外して、サラダやアイスキューブの香りづけなどに。葉には皮膚をやわらかくする作用があり、手浴や足浴などにも。

ビオラ
Stiefmütterchen [Viola]

◎**特徴**

スミレ科・耐寒性多年草（日本では暑さで夏越しできないため、一年草扱い）。春に咲く花は愛らしく、甘い香りです。花色も紫、白、ピンクなど豊富で、一重と八重咲きがあります。味はマイルドでハッカのような清涼感があります。

◎**育て方のポイント**

エディブルフラワー用の有機種子や苗を購入して育てます。種まきは春か秋に行い、セルトレイかポットで薄く播種します。

開花は冬から5月まで。沢山花を咲かせるので、定期的に切り戻すと長く楽しめます。咲き終わった花（花がら）は、こまめに摘んで、病気や株の衰弱を防ぎます。高温多湿が苦手です。

◎**愉しみ方**

色鮮やかなビオラは、料理やお菓子の飾りにぴったり。生のものをサラダやケーキにのせたり、乾燥させた花びらをデザートに散らしたり。そのほか、ハーブティーにブレンドして楽しむこともできます。

キャロットケーキ。ビオラをのせて一段と華やかに

ハーブ栽培の基本

ハーブは、庭や畑などの地植えでも鉢植えでも育てられます。好む環境はハーブの種類によって異なるため、できるだけ育ちやすい場所を選びます。とくに地植えの場合は、高温多湿の日本では栽培に工夫が必要な種類もありますので、剪定や植え替えなどを行って育てます。

揃えておきたい道具は共通ですが、畑のような広い場所では土を掘る、耕す、畝を立てたりする鍬やスコップがあると作業効率がアップします。

土づくりに欠かせない資材は、基本的な園芸用土、有機質の堆肥、土壌改良用資材の3つに大別できます。堆肥は、土をふかふかにし、土中の微生物の働きを活性化してくれます。土壌改良用資材は、栽培する土の性質に合わせて使用しましょう。

道具

土入れ

土を鉢などに入れる道具。細め（写真）のタイプ以外に、沢山の土をすくえるタイプもあり、用途に合わせて揃える。

鍬

畑の土を耕す、畝を立てる、土をならす、土を寄せるなど1本で何役もこなす。刃の長さや重さ、持ちやすさを確認して選ぶ。

バケツ

資材を袋から移して畑にまくときや、土や資材を混ぜる際に役立つ。目盛りがついていると、分量がわかりやすい。

ショベル

苗の植え穴を掘る、土をすくうなどに使う。軽量で握りやすいものが、扱いやすい。全体がステンレス製のものがさびにくい。

ハサミ

剪定などに使う園芸バサミと、収穫用バサミの2本を揃えておくとよい。切れ味がよく、さびにくいフッ素樹脂加工がおすすめ。

スコップ

畑の土を深く掘り起こす、土のかたまりをくだく、穴を掘るなどに使う。刃先が尖った剣先タイプのほうが畑作業に向く。

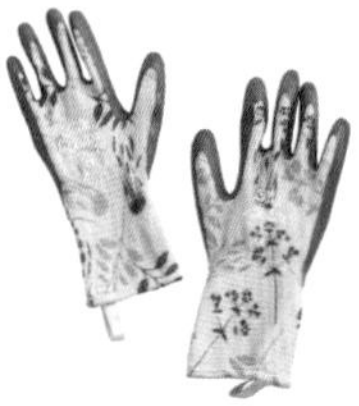

手袋

苗の植えつけ、剪定、収穫などの作業時に使う。グリップ力があり、枝の突き刺しなどから手を守る天然ゴム製がおすすめ。

ジョウロ

ハス口が取り外せるものが使い勝手がよい。水を入れると重くなるので、持ち運びしやすいサイズを選ぶ。

• KOLUMNE •

育苗のこと

種を畑や鉢に直接まかずに、セルトレイやポットにまいて、苗を育てることを育苗といいます。まき方や使用する種の数は、種袋の裏の説明などを参考にしてください。

セルトレイの場合

例：コリアンダー
角型5㎝が連結しているセルトレイを使用。直根タイプ（根が地中深くに太く真っすぐ伸びる）のハーブに最適な方法。

1 まき穴をあける。嫌光性種子（発芽時に光を嫌う）のコリアンダーの場合、種の3倍（約5㎜）の深さが目安。**2** まき穴に種を入れ、土をかける。コリアンダーはひと穴に2～3粒入れる。**3** 土の表面を指で軽く押さえてならし、水やりする。

種まきから1～2週間後に発芽。間引いて1本にしてから植えつける。天然素材でできたエコポットを使用すると、連結部分を切ってそのまま土に植えられる。

ポットの場合

例：バジル
3号サイズ（直径9㎝）を使用。ペットボトルのふたを使って直径2～3㎝のまき穴を作る方法を紹介する。

1 ふたを押し当ててまき穴をあける。好光性種子（発芽時に光が必要）のバジルなどの場合、まき穴は浅めに。**2** まき穴に種を入れる。バジルはひと穴に種を4～5粒ばらまく。**3** 種に薄くかぶせる程度に土をかけ、軽く指で押さえてならし、水やりする。

種まきから数日～1週間ほどで発芽する。本葉が2～3枚のころ、株元を押さえながら丁寧に間引き、1本立ちに。本葉5～6枚で土に定植する。

資材

堆肥

植物性と動物性があり、それぞれバーク堆肥、牛ふん堆肥などがある。完熟したものを選ぶ。土壌改良効果があり、土に混ぜることで保水性と保肥性を高める。牛ふん堆肥には微量の肥料分が含まれる。マルチング材としても使用。

赤玉土（小粒／大粒）

赤土を乾燥させて粒状にした用土。通気性、排水性、保水性、保肥性に優れた、Ph5.0～6.0の弱酸性。肥料分を含まない。大粒、中粒、小粒があり、用途によって使い分ける。小粒は土づくりの際に全体に混ぜ込む。挿し木用の土としても使用する。

カキ殻石灰

カキ殻は有機石灰の1つ。アルカリ分が多いため、酸性土壌を中和させ、カルシウムを補給する。有機質なので、土中の微生物の活性化を促し、土が固くなりにくい。日本は雨が多く、土が酸性に傾きやすいので、植えつけ前にまくとよい。

籾殻くん炭

籾殻を炭化させたもの。肥料効果はほとんどない。保水性、通気性に優れており、土壌微生物の住処にもなる。アルカリ性のため土が酸性に傾くのを防ぐ。

有機培養土

数種類の用土や有機原料の栄養分がブレンドされた市販の土。花用、野菜用のほか、ハーブ用土もある。鉢植えで育てる場合や、地植えで初めて栽培する場所の土に加えるとよい。

- あると役立つもの -

腐葉土

落ち葉や樹木の枝を堆積させて、土中の微生物の力で分解、発酵させたもの。通気性、保水性、保肥性に優れる。肥料分は少ない。完熟したものを選ぶ。土に混ぜ込むと微生物の住処となる。マルチング材としても活躍する。

鹿沼土

関東ローム層で採れる軽石。赤玉土と並ぶ、基本用土の1つで、ph4.0～5.0の酸性度が強め。赤玉土より粒が崩れにくく、保水性、通気性が高く、酸性土壌を好む植物に向く。

バーミキュライト

鉱石の1種、蛭石を高温処理したもの。中性。内部に無数の空洞があるため、水もちの悪い土に混ぜると、水もちがよくなる。種まきや挿し木用の土としてもおすすめ。

籾殻

稲を脱穀した後に出るのが、籾殻。土壌にすき込むことで水はけをよくする土壌改良剤としての効果が期待できるほか、土の上からまいてマルチング材としても使える。

庭や畑で育てる

育てたいハーブが決まったら、苗や種を準備して、いよいよ栽培スタート。地植えでハーブを育てると、株が大きく育ち、香りを楽しむ癒しの空間となります。初めて栽培を行う場所は、基本の土づくりで環境を整えてから植えつけます。

【苗を植える】

ローズマリー1株、イタリアンパセリ3株、タイム2株を準備。約90×約90cmのスペースに植えつける。

準備

1 土づくりをする

雑草や土に残っている根などを取り除いておく。ローズマリーは根が深く伸びるので深めに耕しておく。堆肥は5kg/㎡、カキ殻石灰は地面に霜がおりたくらいにを全体にまく。

MEMO

水はけの悪い土壌の場合は、赤玉土や腐葉土を混ぜて水はけを改善させる。初めてハーブを育てる場所の場合は、有機培養土（花と野菜用など）を袋に記載の使用量を目安に混ぜ込み、土のかさ上げと土壌改良や養分の調整をしてもよい。

2 資材をすき込む

堆肥とカキ殻石灰をまいたら、鍬でしっかりすき込んでいく。

3 畝を立てる

90cm四方の周囲の土をすくい、畝を高さ15cmほどに盛り上げたら、鍬の刃の側面を使って土全体を平らにならす。

植えつけから3週間後。枯れていなければ根づいた証拠。ここからぐんぐん育っていく。

植えつけ

1 苗を仮置きする

株と株の間の距離などを考えながら、ハーブの苗を仮置きする。

2 植え穴をあける

イタリアンパセリを植える。ポット苗よりひと回り大きい穴をあける。植え穴の表土と苗の表土の高さは揃えるとよい。

3 苗を植える

イタリアンパセリの苗をポットから取り出す。白い根なのでそのまま崩さないでOK。もし黒やこげ茶色の根がまわっている場合は、少し崩すと新しい土となじみやすい。

4 土を入れてマルチングする

2の植え穴にイタリアンパセリの苗を入れ、穴と苗の隙間に土を寄せる。土の高さと苗の表面の高さが同じになるように植えつけ、株元を手で軽く押さえる。それぞれの苗の株元にバーク堆肥（腐葉土や籾殻でもOK）を敷き広げてマルチングする。保湿、乾燥、雑草防止の効果がある。

5 水やりをする

すべての苗を植えたら、ハス口を付けたジョウロで優しくたっぷりと水やりする。

【種をまく】

種のまき方はハーブの種類で異なる。種袋の発芽率を参考に、発芽率の低いものは多めにまき、間引き菜をベビーリーフとして楽しんでもよい。

点まき

一定の間隔で穴をあけて、ひとつの穴に種を数粒ずつまく方法です。株と株の間が広いので、1株を大きく育てるハーブに適しています。ここではフェンネルの種を使用。

1

ペットボトルの底（直径約6㎝）を畝に押し当てて、まき穴を作る。葉や根が広がるスペースに合わせ、株間30㎝で穴をあける。

2

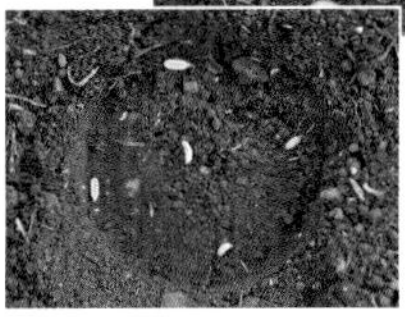

穴の中に種を5～6粒ずつ、均等になるように離してまく。発芽率を考えて多めにまく。

3

フェンネルは好光性種子なので、穴の上に土を薄くかける。種と土が密着するよう、軽く手のひらで押さえて平らにする。

すじまき

土の表面にまっすぐな溝を作り、その溝に種を等間隔でまいていく方法です。成長の段階に応じて、間引きながら育てるのが一般的。ここではコリアンダーの種を使用。

1

支柱などの棒を畝（土の上）に押し当てて、1㎝ほどの深さの溝を作る。支柱が埋まるくらいの力加減で押すとよい。

2

溝の中に種を等間隔でまいていく。種まきは素手で行う。コリアンダーの種は1㎝間隔で。

3

溝の両端の土を指でつまむようにして、種の上に土をかぶせる。種と土が密着するよう、軽く手のひらで押さえて平らにする。

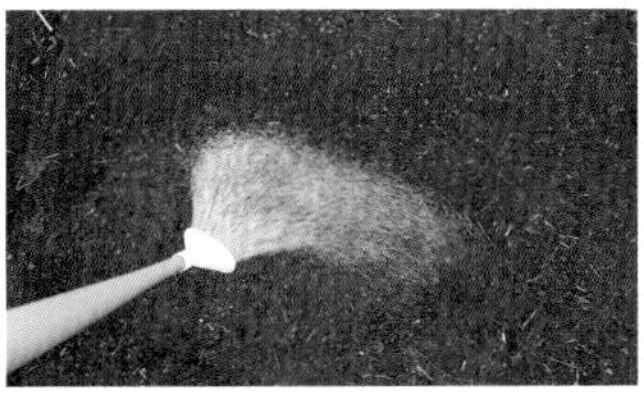

種をまいた後は、たっぷりと水やりする。ハス口を付けたジョウロで、ふんわり優しく与えると種が流れない。

種まきから約2週間で発芽したすじまきのコリアンダー。まいた種子1個の中に種が2個入っているため、同じ場所から2本発芽する。双葉が開いたら、どちらか1本を間引く。

鉢植えで育てる

ハーブは生育旺盛な種類が多く、温度や日当たりに生育が左右されやすいため、鉢植えで育てると管理がしやすいというメリットがあります。

用意するもの

角型の鉢
(幅 232 ×奥行き 232 ×高さ 293㎜)
＊ここではエコポットを使用。軽くて耐久性に優れた、環境に優しい素材。

ハーブ専用培養土…12ℓ
＊ハーブが育ちやすいように、資材や栄養分がバランスよく含まれていて便利。

ローズマリーの苗…1株
＊ローズマリーのように大きく育つハーブは、苗よりひと回り大きい鉢を選ぶ。

1 培養土に水を加えて混ぜる

市販の培養土は完全に乾いている状態だと、水を弾き、水分の浸透を妨げる場合がある。事前に水分を含ませて、よくかき混ぜておくと、空気が加わり、通気性もよくなる。

2 鉢底石を入れる

鉢底ネットを敷き、赤玉土大粒を鉢底から1～2㎝ほどの深さまで入れる。

3 土を入れる

1の土を鉢に入れる。ローズマリーのポット苗を鉢に入れ、鉢の縁から約2㎝下に苗の表土がくるよう、土の高さ調整をする。

4 回っている根鉢をほぐす

ポットからローズマリーの苗を取り出し、根鉢が茶色くなってぎっしり回っているときは、根鉢をほぐすと根の活着がよくなる。手でほぐせないときは、ハサミで十文字に軽く切り込みを入れる。

ローズマリーの鉢植えは、日当たりと風通しのよい場所に置いて育てる

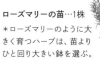

5 ローズマリーを鉢に入れる

鉢にローズマリーの苗を入れて、株の向きを決める。

6 隙間に土を入れる

鉢とローズマリーの苗の隙間に、土入れで土を入れていく。

7 割りばしでつつく

土を入れ終わったら、割りばしでつついて土を下まで落とす。隙間ができたら、土を足し入れ、同じように割りばしでつつく。

8 指で確認する

隙間がなくなったら、指で軽く表土を押して平らにならす。

9 水やりをする

ハス口を付けたジョウロで、ふんわり優しく水やりする。鉢底からたっぷりと流れ出るまで与える。

鉢の色を揃えて複数の鉢をまとめて置くと、おしゃれな印象に。ミント（右手前）は、生育旺盛なので1種類で育てるといい。ハーブ5種の寄せ植え（左）はレモンタイム、イタリアンパセリ、チャイブ、ナスタチウム、ディル。

MEMO

多品種の寄せ植えは、好む環境が同じものにしたり、根や葉の伸び方を考慮して組み合わせたりすると育てやすい。ある程度株が成長したら単独で植え替えてあげるとよい。

お手入れのこと

元気なハーブを育てるには、根を丈夫に育てることが大事です。そのため、土壌の状態に合わせて、堆肥や腐葉土などを施して土壌微生物を増やした土で育てるのが基本。そのうえで、必要なお手入れをしましょう。

【施肥】

ハーブは栄養分の少ない土地で丈夫に育つ植物なので、肥料を与えすぎると、害虫がつきやすくなり、香りが弱くなります。ただし、有機物の少ない疲れた土壌や、植物の生育が悪いやせた土壌など、土壌の状態によっては肥料を必要とする場合も。鉢植えの場合、必要な元肥がブレンドされたハーブ用培養土を使うと手軽です。鉢植えは水やりによって養分が流出しやすいので、こまめに植え替えるか、古い用土の一部を新しい用土と交換するとよいでしょう。その場合、肥料は不要です。

【水やり】

地植えでは基本的に水をやらなくてＯＫ。植えつけ時にたっぷりと水を与えておきましょう。土中の水分が少ないと、根は水を求めて遠くへ伸びるため、根が発達します。また、ハーブの香りは過酷な環境下で強くなるので、水分は少なめに。バジルやレモンバームなどやわらかく香りのよい葉に成長させたい場合は、必要に応じて水やりをします。有機資材でマルチングすると、土の表面の乾燥を防いでくれます。

鉢の場合、土が乾いたら、鉢底から流れ出るまでたっぷりと与えるのが基本。土が常に湿った状態では、根が酸欠状態になり、生育不良に。土の表面が乾いていないか、鉢を持って軽くなっていないか、よく観察しましょう。

【剪定】

不要な枝や葉を切ることを剪定と言い、なかでも伸びすぎた枝や茎を切ることで育ちすぎた株をコンパクトにし、新芽の成長を促すのが、切り戻しです（写真）。芽がつきやすいよう、切る位置が大切。蒸れを防ぎ、風通しをよくする働きもあります。

【植え替え】

地植えの場合、植え替えは基本的に必要ありません。ただし、ミント類やタイム、カモミールは、3年目くらいから生育に勢いがなくなりますので、新しい場所に植え替えてあげましょう。鉢植えの場合は、成長とともに鉢の中に根が張ってきます。鉢底から根が見えたら、植え替えどき。鉢から取り出して根をほぐし、根の強いハーブならある程度切って、ひと回り大きい鉢に植え替えます。

切り戻しの方法　**1** 枯れている枝を株元から切ってすっきりさせる。**2** 長めの枝も下のほうで切ってOK。**3** 小さな新芽が出ている上で切る。写真は切った後。**4** 切り戻しを行うことで、株がコンパクトに。

ふやし方のこと

ハーブは丈夫な植物なので、環境さえ合えば気軽にふやせます。それぞれのハーブに合った3つの方法を紹介します。ふやしたハーブは自分で育ててもいいけれど、園芸好きな友人たちにおすそ分けしても楽しいですね。

【挿し木】

ハーブの茎や枝を切り分けて、土に挿しておくふやし方で、もっとも手軽に行える方法です。ハーブの種類や季節で異なりますが、数週間程度で発根します。暖かい時期が発根しやすく、適期です。

◎ミントの挿し木

1 状態の良いミントの枝を15～20㎝の長さで切る。下の葉を落とし、上部に2～3節残したら、下の枝を斜めに切る。土に1～2節入るように。葉が大きければ半分に切っても。容器に水を張り、約1時間吸水させる。
2 セルトレイに赤玉土・小粒を入れ、水やりした後、割りばしなどで植え穴をあけ、**1**を挿し、指先で軽く押さえて安定させる。
3 挿し終わったところ。挿すミントの枝の高さを揃えておくとよい。発根するまで直射日光や風が当たらない場所に置き、土が乾かないよう水やりを忘れずに。発根したらポットに植え替え、約1～2か月管理する。

【株分け】

根が張って大きく広がりすぎた株をいくつかに分け、個別に植えつけてふやす方法。ミントやレモンバーム、オレガノなどの匍匐性のあるハーブ向きです。掘り上げた根付きの株を植える場合も。行うのは秋～冬や春先がよい。

◎レモンバームの株分け

1 掘り上げる株の周りをスコップで刺す。株に刺激を与えることになるので大胆に行ってOK。
2 株をかたまりのまま掘り上げる。株を左右に引っ張り、適当な大きさに分けていく。
3 枯れた枝を根元から切る。土を軽く落として根をほぐし、古い根や切れた根は取り除く。
4 鉢底石、培養土を入れた鉢に植え替える。畑の場合はそのまま植えつける。
5 鉢底から流れ出るまでたっぷりと水やりする。
6 小さく分けた株でも、根が少しでも付いていれば大丈夫。鉢に同じように植え替える。

【こぼれ種】

花が咲いて種が実る、カモミールやボリジ、ディルなどは、あちこちに種がこぼれ落ちて発芽し、自然とふえることがあります。そんな株を掘り起こして鉢に植え替えたり、育てたい場所に移植したりして育てる方法です。

◎カモミールのこぼれ種

1 ショベルなどを深めに挿して、土ごと掘り上げる。
2 土をなるべく落とさないように、優しく1株ごとに分ける。
3 15㎝間隔で植えつける。鉢に植えても。

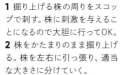

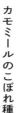

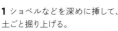

ブックデザイン　千葉佳子（kasi）
撮影　高木あつ子
取材・文　山本裕美
スタイリング　伊藤唯
校正　小倉優子
DTP制作　天龍社
編集　小山内直子（山と溪谷社）

ドイツ式
ハーブ農家の料理と手仕事
育てる、味わう、丸ごと生かす

2024年5月20日　初版第1刷発行

著者　奥薗和子
発行人　川崎深雪
発行所　株式会社　山と溪谷社
〒101-0051
東京都千代田区神田神保町1丁目105番地
https://www.yamakei.co.jp/

◎乱丁・落丁、及び内容に関するお問合せ先
山と溪谷社自動応答サービス
TEL.03-6744-1900
受付時間／11：00-16：00（土日、祝日を除く）
メールもご利用ください。
乱丁・落丁 ▶ service@yamakei.co.jp
内容 ▶ info@yamakei.co.jp

◎書店・取次様からのご注文先
山と溪谷社受注センター
TEL.048-458-3455
FAX.048-421-0513

◎書店・取次様からのご注文以外のお問合せ先
eigyo@yamakei.co.jp

印刷・製本　図書印刷株式会社

ISBN978-4-635-45068-3

奥薗 和子
Okuzono Kazuko

鹿児島県生まれ。農家。ドイツマイスターフローリスト。2002年から2014年まで12年間、フローリストとしてドイツに滞在。自生する植物、蔓、枝、苔、樹皮などを用いたアレンジメントの手法を知る中で、自らの手でハーブや草花、野菜を育てていきたいと思い至り、帰国。有機農業の研修を経て、2019年4月、東京都青梅市にて「lalafarmtable」を開園。ハーブ、草花、伝統野菜などを有機農法で栽培し、産地直送の定期便にて消費者に販売、好評を得ている。都内のレストランへの提携販売のほか、ファーマーズマーケットへの出店も行う。雑誌やイベントなどでも活躍中。

https://lala.farm/
Instagram：@lalafarmtable